Luma Naji Mohammed Tawfiq
Farah Faisal Ghazi

Nova técnica para estimar a concentração de metais pesados no solo

Luma Naji Mohammed Tawfiq
Farah Faisal Ghazi

Nova técnica para estimar a concentração de metais pesados no solo

Sobre a contaminação do solo

ScienciaScripts

Imprint

Cover image: www.ingimage.com

This book is a translation from the original published under ISBN 978-3-659-87155-9.

Publisher:
Sciencia Scripts
is a trademark of
Dodo Books Indian Ocean Ltd. and OmniScriptum S.R.L publishing group

120 High Road, East Finchley, London, N2 9ED, United Kingdom
Str. Armeneasca 28/1, office 1, Chisinau MD-2012, Republic of Moldova, Europe
Managing Directors: Ieva Konstantinova, Victoria Ursu
info@omniscriptum.com

Printed at: see last page
ISBN: 978-620-8-59952-2

Agradecimentos
Louvado seja Deus e obrigado pela sua bênção e por me ajudar a completar este livro. Gostaríamos de agradecer ao Sr. Majed Hameed Rasheed que ajudou a obter os dados do livro. Apresentamos também os nossos agradecimentos ao Ministério da Agricultura do Iraque.

Lista de símbolos e abreviaturas

Symbol	Definition
AAS	Atomic Absorption Spectrophotometer
XRF	X- Ray Fluorescence analysis
ICP-MS	Inductively Coupled Plasma-Mass Spectrometry
w^*	Optimal Weight
W^*	Optimal Weight Matrix
ANN	Artificial Neural Network
w_{ij}	Weight Connecting the Input Unit j to the Hidden Unit i
v_i	Weight Connecting the Hidden Unit i to the Output Unit
y	Output Value
y_d	Desired Output
x_j	Input Value
w_i	Weight Value
b	Bias
φ	Activation Function
logsig	Log-Sigmoid Transfer Function
tansig	Hyperbolic Tangent Transfer Function
FFNN	Feed Forward Neural Network
BP	Back propagation
SSE	Sum of Squared Errors
MSE	Mean Squared Errors
e	Vector of Network Errors
y_t	Trial Solution

Zn	Zinc
Ni	Nickel
Pb	Lead
Cu	Copper
Cd	Cadmium
Cr	Chromium
As	Arsenic
Co	Cobalt
γ	Performance Ratio
η	Learning Rate
ρ_k	Search Direction
LM	Levenberg–Marquardt algorithms
trainlm	Levenberg - Marquardt Training Algorithm
J	Jacobian Matrix
H	Hessian Matrix
g	Gradient
E	Error Function
μ	Combination Coefficient
I	Identity Matrix
$\|\cdot\|$	2nd norm
D	diagonal matrix
L	Lower triangular matrix
U	Higher triangular matrix
y_a	Analytic Solution

C_0	Initial Concentration
C_x	Concentration for depth x
ρ	Retardation factor.
PH	power of hydrogen
EC	Electric Conductivity
C	Solute concentration
v	Darcy's flux
mg	Milligram
cm	Centimeter
hr	Hour
L	Liter
D_L	Hydrodynamic dispersion coefficient
x	Soil depth
t	Time
C_a	Concentration of adsorbed chemical
f	Irreversible reaction decay rate
K_d	Distribution coefficient
kg	Kilogram
θ	Soil water content
ρ_b	Soil's bulk density
D_L	Hydrodynamic dispersion coefficient
t	Time
ρ	Solid density
PDE	Partial Differential Equation

Resumo

São muitos os objectivos deste livro:

O primeiro objetivo é desenvolver um modelo de equação que descreva a propagação da contaminação através dos solos e que possa ser utilizado para determinar a taxa de contaminação ambiental através da estimativa da concentração de metais pesados (HMs) no solo. A equação do modelo desenvolvido pode ser considerada como uma boa representação de um problema de contaminação ambiental.

O segundo objetivo deste trabalho é conceber duas redes neurais feed forward (FFNN) como uma técnica alternativa precisa para determinar a taxa de contaminação ambiental que pode ser utilizada para resolver a equação do modelo. A primeira rede destina-se a simular os parâmetros do solo que podem ser utilizados como dados de entrada na segunda rede sugerida, enquanto a segunda rede simula a estimativa da concentração de metais pesados.

O terceiro objetivo é desenvolver uma teoria concetual da fase de treino das redes neuronais, na perspetiva da análise funcional e dos métodos de otimização. Nesta formulação, aprender significa resolver um problema variacional através da minimização de uma função de desempenho associada à rede neuronal. A escolha da função objetivo depende da aplicação específica. Por outro lado, sugerimos a modificação da função de desempenho para melhorar a generalização das redes sugeridas e para tratar os problemas de paragem precoce e mínimos locais.

O quarto objetivo é comparar o desempenho dos algoritmos acima referidos no que diz respeito à capacidade de previsão. Em seguida, aplicámos a técnica sugerida para estimar a concentração de metais pesados, tais como Cobre (Cu), Chumbo (Pb), Cádmio (Cd), Cobalto (Co), Zinco (Zn) e Níquel (Ni) nos solos de Bagdade. Em primeiro lugar, foram selecionadas sessenta e quatro amostras de solo de um local contaminado por fitorremediação situado em algumas zonas da cidade de Bagdade (residencial, industrial, comercial, agrícola e estradas principais). Em segundo lugar, foi efectuada uma série de medições nas amostras de solo e analisada a medição das concentrações de metais pesados utilizando dispositivos como : Espectrofotómetro de Absorção Atómica (AAS), Fluorescência de Raios X (XRF) e Espectrometria de Massa de Plasma Acoplado Indutivamente (ICP-MS) para obter as concentrações iniciais desses metais pesados. Em terceiro lugar, simular e treinar as redes sugeridas para obter a concentração de metais pesados. O desempenho das redes sugeridas foi comparado com a inspeção laboratorial tradicional utilizando os conjuntos de dados de treino e de teste. Os resultados deste livro mostram que as redes sugeridas, treinadas com base em medições experimentais, podem ser aplicadas com êxito na estimativa rápida e exacta da concentração de metais pesados.

Por fim, sugerimos alguns métodos para o tratamento de solos contaminados através da utilização de algumas plantas herbáceas.

ÍNDICE DE CONTEÚDOS:

Introdução

A modelação matemática é importante para descrever os diferentes aspectos do mundo real e a solução desta modelação representa a solução para os problemas da vida [36]. Este trabalho estuda e modifica um modelo de equação convectivo-difusivo para representar uma forma adequada que descreva a contaminação do ambiente, em especial, a contaminação do solo por metais pesados. Em seguida, utiliza este modelo para estimar a concentração de metais pesados no solo. Este trabalho sugere a rede neural artificial como uma ferramenta para resolver o modelo modificado.

A rede neural artificial (RNA) é um sistema informático que pode ser treinado para aprender uma relação complexa entre duas ou mais variáveis ou conjuntos de dados. Com estruturas semelhantes às das suas congéneres biológicas, as redes neuronais são modelos representacionais e computacionais que processam a informação de forma paralela e distribuída, compostos por nós de processamento simples interligados [1].

Existem muitos estudos para resolver o problema da contaminação do solo utilizando RNA. Por exemplo, Buszewski e Kowalkowski, 2006 [10] apresentam os resultados do tratamento quimiométrico dos dados da experiência de lixiviação em coluna para encontrar dependências entre os parâmetros físico-químicos do solo e a concentração de metais pesados utilizando o modelo RNA. Yetilmezsoy e Demirel, 2008 [47] utilizaram um modelo ANN para prever a eficiência de remoção de Pb de uma solução aquosa. Kardam et al., 2010 [25] apresentaram um modelo ANN para descrever a eficiência de remoção de Cd de uma solução aquosa utilizando pó de sementes de Moringa Oleífera sem casca (SMOS). Yin Li et al., 2011 [48] utilizaram o modelo BP-NN e o Sistema de Informação Geográfica (SIG) para metais pesados e descreveram a dinâmica espacial da distribuição na cidade de Huizhou. El-Badaoui et al., 2013 [15] prevêem a concentração de metais pesados em sedimentos de rios marroquinos com base numa série de parâmetros físico-químicos utilizando RNA. Pandhuripande et al., 2013 [34]
estimaram a concentração de Ni e Cr numa solução aquosa com as suas propriedades físicas utilizando a RNA. Krishna e Sree, 2014 [28] sugeriram a RNA para a eficiência de remoção de Cr de uma solução aquosa usando um pó de coco Borasus flabellifer como adsorvente. Zongshu Wu et al., 2015 [49] explicaram a forma de otimização da amostragem do solo para a distribuição espacial das concentrações de metais pesados utilizando RNA com algoritmo genético. Madhloom 2015[30] sugeriu a utilização de RNA para descrever a eficiência de remoção de Cu de águas residuais por biomassa fúngica.

Este trabalho sugere uma conceção eficaz, de baixo custo e facilmente acessível de RNA para estimar problemas de contaminação do solo. São sugeridas duas redes neuronais para estimar a taxa de contaminação do solo. A primeira rede destina-se a simular parâmetros adequados do solo, necessários para a equação do modelo que descreve o problema de contaminação. Enquanto a segunda rede neural é utilizada para estimar a concentração de metais pesados no solo. Os resultados são comparados com os obtidos pelos dispositivos laboratoriais tradicionais, tais como Espectrofotómetro de Absorção Atómica (AAS), Fluorescência de Raios X (XRF) e Espectrometria de Massa de Plasma Acoplado Indutivamente (ICP-MS) para ilustrar a precisão e a eficiência da técnica sugerida.

Este livro está organizado da seguinte forma: O capítulo um contém três secções, a secção um representa conceitos matemáticos relacionados com algumas definições, hipóteses, axiomas e teoremas de que necessitamos neste livro. A secção dois descreve alguns conceitos básicos sobre as RNAs, por exemplo, o que é uma RNA, funções de transferência, arquitetura das RNAs, FFNN, treino de RNAs, algoritmo de treino de retropropagação, funções de desempenho. A secção três contém uma breve panorâmica da contaminação ambiental, do solo e dos metais pesados de que necessitamos ao longo do trabalho. O capítulo dois descreve o algoritmo de treino das RNA e centra-se no método de Levenberg - Marquardt (LM), indicando os custos da utilização deste método. Em seguida, sugere uma melhoria do algoritmo de treino LM e prova a taxa de convergência da melhoria sugerida. Também descrevemos como escolher uma taxa de aprendizagem adequada para a RNA e como melhorar a generalização da rede sugerida. No terceiro capítulo, descrevemos e desenvolvemos um modelo matemático para a propagação da contaminação através dos solos, que pode ser utilizado para determinar a taxa de contaminação através da estimativa da concentração de metais pesados no solo. Em seguida, concebemos RNAs adequadas para resolver a equação deste modelo, em que a solução da equação representa a concentração de metais pesados. O capítulo quatro apresenta uma aplicação prática do problema sugerido para estimar a contaminação do solo de Bagdade. Finalmente, o capítulo cinco contém as conclusões e os trabalhos futuros. Note-se que todos os algoritmos deste trabalho foram implementados utilizando o MATLAB versão 7.12.

CAPÍTULO 1

Preliminares

1. Introdução

Este capítulo apresenta uma breve introdução a algumas ideias de base que são utilizadas em vários pontos da obra. Em muitos casos, este material pode ser familiar, no entanto, é aqui apresentada uma discussão limitada, numa tentativa de tornar a obra autónoma.

A secção um consiste em alguns conceitos matemáticos que serão necessários neste livro. Na secção dois, apresentamos uma breve revisão das redes neuronais artificiais para escolher uma que tenha um design e uma arquitetura adequados para implementar o problema deste livro.

Na secção 3, apresentamos uma ideia geral sobre a contaminação do ambiente, especialmente a contaminação do solo por metais pesados, que é necessária para a formulação da equação do modelo. A equação do modelo pode então ser utilizada para determinar a taxa de contaminação ambiental através da estimativa da concentração de metais pesados no solo.

Secção Um: Conceitos matemáticos

Esta secção é constituída por algumas das definições, hipóteses, axiomas e teoremas de que necessitamos neste livro.

1.1.1. O que é um modelo matemático?

Os modelos matemáticos são representações simplificadas de uma entidade do mundo real. Podem ser formulados como equações ou códigos informáticos que pretendem imitar as caraterísticas essenciais, deixando de fora as essenciais. Os modelos matemáticos descrevem as nossas crenças sobre a forma como o mundo está a funcionar. O seu objetivo é descrever os diferentes aspectos do mundo real, a sua interação e a sua dinâmica através da matemática [36].

Os modelos matemáticos são caracterizados por suposições sobre:

- Variáveis (as coisas que mudam);
- Parâmetros (as coisas que não mudam);
- Formas funcionais (a relação entre os dois).

De seguida, apresentamos uma breve discussão sobre as matrizes definidas positivas.

1.1.2. Matrizes Positivo-Definidas

Uma matriz simétrica *A diz-se* positiva definida se e só se

$$x^T A x > 0, \forall \text{ Vectores não nulos } x \neq 0.$$

Esta pode ser uma condição difícil de verificar, mas há definições equivalentes que são por vezes mais práticas. Por exemplo, *A* será positiva definida se todos os seus valores próprios forem positivos. Além disso, se a eliminação gaussiana for aplicada a A sem pivotar para transformar A numa matriz triangular superior:

$A \to U = [u_{i,j}]_{i,j}$ e se $u_{i,i} > 0 \ \forall$ i, , então *A* é positivo definido.

Do mesmo modo, uma matriz simétrica *A* é

- Semi-definida positiva se $x^T A x \geq 0, \forall x$ ou, de forma equivalente, todos os valores próprios de *A* são não-negativos;
- Negativamente definida se $x^T A x < 0, \forall x \neq 0$ ou todos os valores próprios de *A* forem negativos;
- Semi-definida negativa se $x^T A x \leq 0$, $\forall x$ ou todos os valores próprios de *A* forem não

positivos;

- Indefinida se $x^T Ax$ puder assumir valores positivos e negativos ou se A tiver valores próprios positivos e negativos.

Uma matriz definida positiva é automaticamente semi-definida positiva e, do mesmo modo, uma matriz definida negativa é semi-definida negativa.

1.1.3. Minimizador global

Diz-se que um ponto w^* é um minimizador global se $f(w^*) \leq f(w), \forall\, w,$ onde w abrange todo o R^n ou, pelo menos, o domínio de interesse para o modelo.
Note-se que o minimizador global pode ser difícil de encontrar, porque o nosso conhecimento de f é normalmente apenas local, pelo que, no mínimo, gostaríamos de encontrar um minimizador local.

1.1.4. Minimizador local

Diz-se que um ponto w* é um minimizador local se existir uma vizinhança $\mathcal{N}$ de w^* tal que $f(w^*) \leq f(w), \forall\, w \in \mathcal{N}$.

1.1.5. Minimizador local estrito

Um ponto w* é um minimizador local estrito (também designado por forte) se existir uma vizinhança $\mathcal{N}$ de w* tal que $f(w^*) < f(w), \forall w \in \mathcal{N}$ with $w \neq w^*$.
Vários exemplos unidimensionais são ilustrados na Figura (1.1).

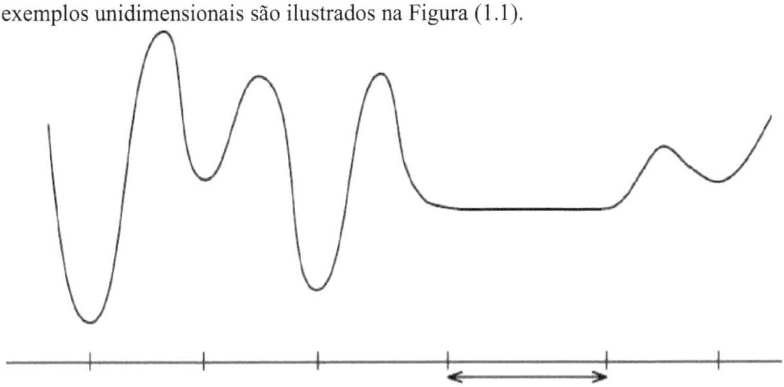

Figura 1.1: Exemplos de minimizadores locais

1.1.6. Taxas de convergência

Para muitos métodos de otimização, o número de operações ou passos necessários para encontrar uma solução exacta será infinito, pelo que devem ser utilizadas outras medidas de eficiência. A taxa de convergência é uma dessas medidas. Descreve a rapidez com que as estimativas da solução se aproximam da solução exacta.

Suponhamos que temos uma sequência de pontos w_K que converge para uma solução w* que é $\lim_{k\to\infty} w_k = w*.$

Dizemos que a sequência $\{W_k\}$ converge para w* com uma taxa r e uma constante de taxa C se; $\lim_{k\to\infty} \frac{\|w_{k+1} - w^*\|}{\|w_k - w^*\|^r} = C,$ e $C < \infty.$

Quando r = 1, esta situação é designada por convergência linear.

Se C∈ (0, 1), então a distância à solução W* diminui em cada iteração pelo menos por um fator constante.

Dizemos que a convergência é super linear se, r = 1 e C = 0, ou seja

$$\lim_{k\to\infty} \frac{\|w_{k+1} - w^*\|}{\|w_k - w^*\|} = 0$$

Quando r = 2, a convergência é designada por quadrática.

Secção Dois: Redes Neuronais Artificiais

1.2.1. Introdução

Esta secção apresenta uma breve panorâmica dos vários tópicos das redes neuronais artificiais (RNA)

1.2.2. O que é a Rede Neuronal Artificial?

Uma rede neural artificial (RNA) é composta por elementos simples que funcionam em paralelo. Estes elementos são inspirados em sistemas nervosos biológicos construídos para realizar tarefas de forma semelhante ao funcionamento do cérebro humano.

Uma RNA é constituída por um conjunto de processadores muito simples e altamente interligados, designados por neurónios. Estes neurónios são como os neurónios biológicos do cérebro. Os neurónios estão ligados por ligações ponderadas que transmitem sinais de um neurónio para outro. A figura (1.2) representa as ligações de uma RNA típica.

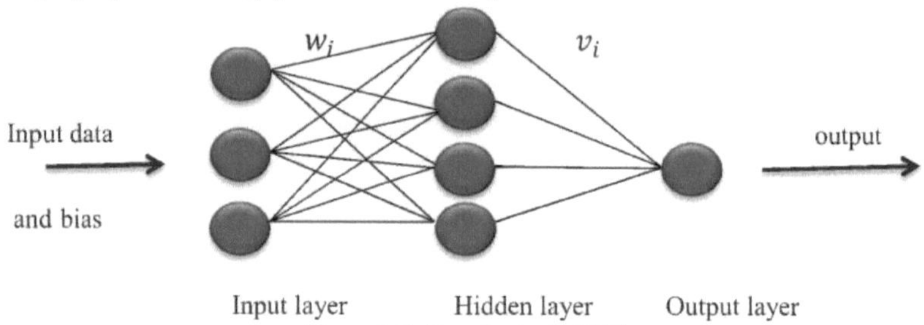

Figura 1.2: Topologia da RNA

A entrada chega ao neurónio que é ponderada (cada entrada pode ser multiplicada individualmente por um peso). Em seguida, o neurónio soma as entradas ponderadas, polariza e processa a soma com uma função de transferência. No final, o neurónio transmite a informação processada através da saída. A vantagem da simplicidade do modelo do neurónio pode ser vista na sua descrição matemática abaixo:

$$y_d = \varphi\left(\sum_{i=0}^{m} w_i x_i + b\right) \qquad (1.1)$$

Quando;

y_d é o valor desejado, w_i é o valor do peso, b é o viés, φ é a função de transferência, x_j é o valor de entrada.

1.2.3. Função de transferência

A unidade necessária e importante na estrutura da RNA é uma função que é um escalar para as entradas da rede, a que se chama função de transferência ou função de ativação, e o valor resultante da saída é chamado ativação da unidade. As funções de transferência limitam a amplitude da saída de um neurónio. Algumas das funções de transferência mais utilizadas são para resolver problemas não lineares.

A função de transferência denotada por φ: R→R define a saída de um neurónio, que é limitada, monotonicamente crescente, contínua, diferenciável e satisfaz:

$$\lim_{x\to+\infty} \varphi(x) = 1 \text{ and } \lim_{x\to-\infty} \varphi(x) = 0$$

A função sigmoide é, de longe, a forma mais comum de função de transferência utilizada na construção de RNAs. Um exemplo de função sigmoide é a função logística que define o intervalo de 0 a +1 (ver Figura (1.3b)), sendo uma caraterística importante da função sigmoide o facto de ser diferenciável [14]. Dorofki et al apontou que, uma das funções mais utilizadas é a função de transferência log-sigmoide (logsig.), esta função de transferência pega a entrada (que pode ter qualquer valor entre +∞ e - ∞) e esmaga a saída no intervalo de 0 a 1.

Por vezes, é desejável que a função de transferência varie entre -1 e +1, permitindo que a função de transferência do tipo sigmoide assuma valores negativos, caso em que a função de transferência assume uma forma anti-simétrica em relação à origem, ou seja, uma forma que satisfaz φ (-x) = - φ(x). Por exemplo, a função de transferência tangente hiperbólica (tansig.), que tem uma derivada particularmente simples:

$$\varphi(x) = \tanh(x),\ \varphi'(x) = 1 - \varphi^2(x).$$

Ao longo deste trabalho, tomamos tansig. como função de transferência, em função dos resultados de [16], que evidenciam que uma função de transferência anti-simétrica tansig. permite que o algoritmo de treino aprenda mais rapidamente, e em termos de ANN, está relacionada com uma sigmoide bipolar que tem uma saída no intervalo de -1 a +1. Como se pode ver na Figura (1.3)(a), esta função é matematicamente equivalente a tanh(n). Difere no facto de ser mais rápida do que logsig, mas os resultados podem ter diferenças numéricas muito pequenas. Esta função é uma boa solução de compromisso para as RNA em que a velocidade é mais importante do que a forma exacta da função de transferência.

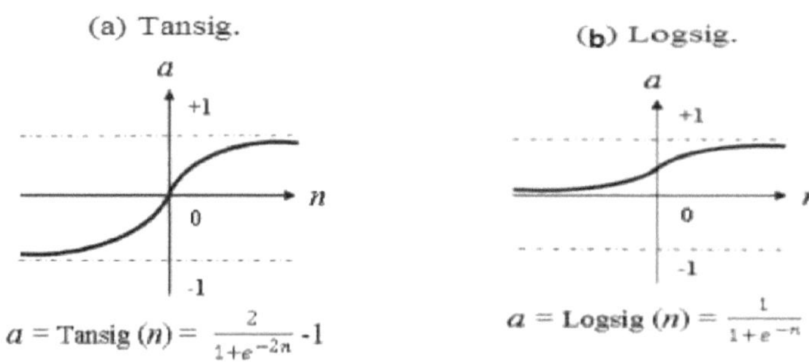

Figura 1.3: Funções sigmóides (a) tansig. e (b)logsig.

1.2.4. Arquitetura das RNAs

A arquitetura da rede define a sua estrutura, incluindo o número de camadas ocultas, o número de nós ocultos (neurónios) e o número de nós de entrada e de saída.

Normalmente, a rede é constituída por uma camada de entrada de neurónios de origem, pelo menos uma camada intermédia ou oculta de neurónios computacionais e uma camada de saída de neurónios computacionais. Os sinais de entrada são propagados numa direção de avanço numa base de camada a camada.

As camadas ocultas conferem à rede a sua capacidade de generalização. Em teoria, uma RNA com uma camada oculta e um número suficiente de neurónios ocultos é capaz de aproximar qualquer função contínua. Na prática, as RNA com uma e, ocasionalmente, duas camadas ocultas são amplamente utilizadas e têm um desempenho muito bom. Em geral, as RNA com uma camada oculta, uma função de transferência não linear e um número suficiente de neurónios ocultos são capazes de aproximar qualquer função com uma precisão arbitrária [42]. Eqhaar [16] e Jabber [23] determinaram a arquitetura óptima da rede para problemas de aproximação.

Não existe uma fórmula mágica para selecionar o número ideal de neurónios ocultos. Seja n o número de nós de entrada. Pelo teorema de existência de Kolmogorov, sabemos que uma rede perceptron de três camadas com n(2n+1) nós pode calcular qualquer função contínua de n variáveis. No entanto, Eqhaar fornece o número de nós ocultos na FFNN. Eqhaar provou que qualquer função contínua limitada em R^n pode ser uniformemente aproximada com qualquer erro utilizando uma rede de camada oculta com 2n+1 unidades (nós). Para a arquitetura da FFNN com várias camadas ocultas, Eghaar demonstrou que o número de nós ocultos na primeira camada oculta é de 2n+1 nós, enquanto o número de nós ocultos na segunda camada oculta é de 2(2n+1) +1 unidades. Em geral, o número de nós ocultos é igual ao dobro dos nós ocultos contidos na camada anterior mais um.

O número de neurónios de entrada é igual à dimensão do domínio. O número de neurónios de saída é igual à dimensão do intervalo.

1.2.5. Redes neurais feed forward

A rede neuronal artificial com topologia de feed forward é designada por rede neuronal de feed forward (FFNN) e, como tal, tem apenas uma condição: a informação deve fluir da entrada para a saída apenas numa direção, sem back-loops. Ou seja, a saída de uma camada de neurónios alimenta a camada seguinte de neurónios.

Nunca existem ligações para trás e as ligações nunca saltam uma camada (ver Figura 1.4).

Neste livro, a FFNN multicamada totalmente conectada consiste em uma camada oculta e uma camada de saída. Normalmente, as camadas estão totalmente ligadas, o que significa que todos os neurónios de uma camada estão ligados a todos os neurónios da camada seguinte (ver Figura 1.4). Cada ligação entre neurónios tem um peso associado. Além disso, existe um peso especial que alimenta todos os neurónios da camada oculta e da camada de saída. Estes pesos são designados por bias (b).

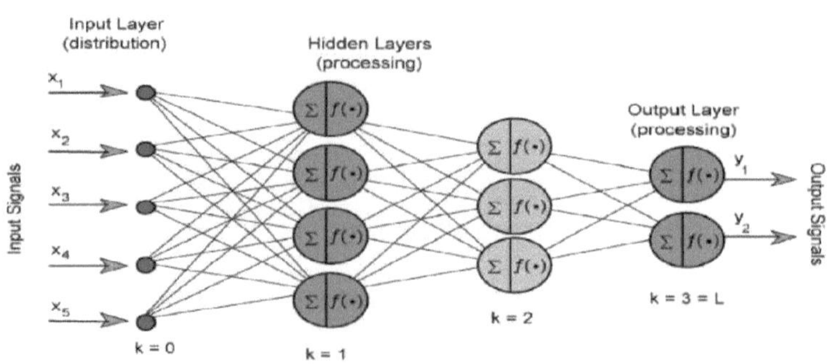

Figura 1.4: FFNN multicamada.

1.2.6. Treino de redes neuronais

O treino de qualquer processo de funcionamento das RNA é um processo de adaptação da rede através do ajustamento dos pesos associados a cada neurónio. O treino é efectuado por algoritmos especializados para alterar os pesos. Este processo é designado por peso condicionado e ocorre através de um processo designado por fase de treino. Os pesos iniciais são selecionados aleatoriamente.

Todos os algoritmos de treino utilizados nas RNAs são classificados em três tipos distintos:

- Treino supervisionado: que incorpora um professor externo, de modo a que cada neurónio de saída seja informado da resposta que pretende dar aos sinais de entrada. Durante o processo de treino, pode ser necessária informação global.
- Treinamento não supervisionado: não utiliza nenhum professor externo e baseia-se apenas em informações locais. É também designado por auto-organização, no sentido em que auto-organiza os dados apresentados à rede e detecta as suas propriedades colectivas emergentes.
- Treino semi-supervisionado: combina treino supervisionado e não-supervisionado. Parte dos pesos é normalmente determinada através de treino supervisionado, enquanto os restantes são obtidos através de treino não supervisionado.

Ao longo deste trabalho, utilizamos o algoritmo de formação supervisionada.

1.2.7. Algoritmo de treino de retropropagação

O algoritmo de retropropagação (BP) é uma técnica matemática que requer processos iterativos e, por isso, pode ser facilmente implementada no computador. O algoritmo de retropropagação é um dos algoritmos mais úteis para o treino de RNA; é poderoso para o treino.

O termo retropropagação refere-se ao processo pelo qual podem ser calculadas as derivadas do erro da rede em relação aos pesos e polarizações da rede. Este processo pode ser utilizado com várias estratégias de otimização diferentes. A ideia central é que os erros dos neurónios da camada oculta são determinados pela BP dos erros dos neurónios da camada de saída. Por esta razão, o método é frequentemente designado por regra de aprendizagem de retropropagação. A aplicação da generalização BP envolve assim duas fases: durante a primeira fase, a entrada x é apresentada e propagada através da rede para calcular os valores de saída y para cada unidade de saída. Esta saída é comparada com o seu valor desejado yd, resultando num sinal de erro E para cada unidade de saída. A segunda fase envolve uma passagem para trás através da rede, durante a qual o sinal de erro é transmitido a cada unidade da rede e são calculadas as alterações de peso adequadas.

1.2.8. Funções de desempenho

As funções de desempenho são utilizadas na formação supervisionada para ajudar a atualizar os pesos e as polarizações da rede. No treinamento supervisionado, uma rede recebe a saída desejada *yd* para cada entrada. O erro é definido como a diferença entre a saída desejada e a saída real da rede. Os pesos da rede são actualizados de acordo com uma de duas funções de desempenho para reduzir o erro da rede:

1. Mínima média dos erros quadráticos (MSE): a média dos erros quadráticos da rede.
2. Mínima soma dos erros quadráticos (SSE): a soma dos erros quadráticos da rede, calculada da seguinte forma

$$E(x, w) = \frac{1}{2}\sum_{p=1}^{P}\sum_{m=1}^{M} e_{p,m}^{2} \qquad (1.2)$$

Onde,

X: é o vetor de entrada;

W: é o vetor de pesos;

$e_{p,m}$- é o erro de formação na saída m quando se aplica o padrão p e é definido como:

$$e_{p,m} = (y_d)_{p,m} - (y_t)_{p,m} \quad (1.3)$$

Onde,

y_d: é a saída desejada;

y_t: é a solução experimental.

Secção Três: Contaminação

Esta secção consiste numa breve panorâmica da contaminação ambiental, do solo e dos metais pesados de que necessitamos ao longo do livro.

1.3.1. Contaminação do ambiente

A contaminação é conhecida como tudo o que afecta todos os elementos do meio ambiente, incluindo a planta, o animal e o ser humano, bem como tudo o que afecta a instalação de elementos de terceiro tipo como a natureza viva: ar, água e solo. Este livro centra-se na contaminação do solo.

1.3.2. Contaminação do solo

A contaminação do solo é definida como a acumulação nos solos de compostos tóxicos persistentes, produtos químicos, sais, materiais radioactivos ou agentes causadores de doenças, que têm efeitos adversos no crescimento das plantas e na saúde animal. O solo é a fina camada de materiais orgânicos e inorgânicos que cobre a superfície rochosa da Terra.

A parte orgânica, derivada dos restos de plantas e animais em decomposição, está concentrada na camada superficial escura do solo. A porção inorgânica, constituída por fragmentos de rocha, foi formada ao longo de milhares de anos pela meteorização física e química do leito rochoso. Os solos produtivos são necessários para que a agricultura possa abastecer o mundo com alimentos suficientes.

Há muitas maneiras diferentes de o solo ser contaminado, por exemplo: infiltração de um aterro sanitário, descarga de resíduos industriais no solo, percolação de água contaminada no solo, rutura de tanques de armazenamento subterrâneos, aplicação excessiva de pesticidas, herbicidas ou fertilizantes e infiltração de resíduos sólidos.

Os produtos químicos mais comuns que causam a contaminação do solo são: petróleo, hidrocarbonetos, metais pesados, pesticidas e solventes.

Neste livro, centramo-nos na contaminação do solo por metais pesados.

1.3.3. O que são os metais pesados?

Os metais pesados são todos os minerais que aumentam a densidade 5 g/cm^3 e, pelo menos, são designados por metais leves. Alguns destes metais desempenham um papel importante na vida dos seres vivos e têm diferentes efeitos biológicos. Por exemplo, o ferro bem conhecido enzimas no sangue e a instalação de importância são todos os elementos manganês, zinco, cobre catalisadores enzimáticos. No entanto, estes metais são tóxicos e perigosos em determinadas concentrações. Para além da gravidade destes metais, não é possível serem analisados por bactérias e outros processos naturais, bem como a autenticidade dos quais lhes permitem espalhar-se por longas distâncias para locais de tonelagem ou fontes. Talvez o mais perigoso se deva à suscetibilidade de cada um deles se bioacumular nos tecidos e órgãos dos organismos vivos no ambiente aquático ou terrestre. Além disso, alguns metais pesados funcionam como isótopos radioactivos, pelo que estes metais apresentam um risco duplo para o ambiente, por serem tóxicos e radioactivos ao mesmo tempo, como é o caso do zinco radioativo e do urânio 235 [46, 29].

A contaminação do solo com metais pesados pode representar riscos e perigos para os seres humanos. Concentrações excessivas de alguns metais pesados em sistemas biológicos, especialmente em animais (em particular nos seres humanos), são altamente perigosas para a saúde humana e podem mesmo causar a morte. Por exemplo, metais pesados como: Cádmio (Cd), Níquel (Ni) e Arsénio (As) são cancerígenos. O quadro 1.1 apresenta um resumo de alguns metais pesados perigosos que estão normalmente presentes nos solos agrícolas e dos seus impactos na saúde dos seres humanos [38].

Quadro 1.1: Metais pesados perigosos e seus impactos na saúde dos seres humanos[7]

Heavy Metal	Health Impact/s
Pb	Mental lapse or even death
Cr	Allergic dermatitis
As	Skin damage, cancer, affects kidney and central nervous system
Zn	Zinc shortages can cause birth defects
Cd	Affects kidney, liver and GI tract
Cu	Anemia, liver and kidney damage, and stomach/intestinal irritation
Ni	Various kinds of cancer

As fontes de alguns metais pesados nos solos são:

Cádmio: revestimento de metais - tintas - plástico pegajoso - a indústria das pilhas.

Cobre: extração de carvão e suas consequências - fertilizante.

Chumbo: combustão de combustíveis e carvão - instalações de produção de ferro e aço.

Níquel: petróleo e carvão - ligas - revestimento de metais de combustão.

Zinco: ferro e aço galvanizado - ligas - baterias - fábricas de borracha .

CAPÍTULO 2

Melhorar o algoritmo de formação Levenberg - Marquardt

2.1. Introdução

Nos últimos anos, com o desenvolvimento de tutoriais e aplicações, a tecnologia das RNA tem sido avaliada e melhorada. Muitos investigadores modificaram o algoritmo de aprendizagem convencional a fim de alterar a eficácia da técnica de formação das RNA. Muitos trabalhos foram dedicados a modificar o processo temporal e outros modificaram a capacidade de generalização das redes. Muitas pesquisas foram dedicadas ao desenvolvimento de métodos heurísticos baseados no estudo das propriedades do algoritmo de treinamento convencional. Estas pesquisas incluem ideias como a escolha da taxa de aprendizagem usando momentum e a boa escolha da função de ativação [42], [44],[45]. Foram propostas várias técnicas de aceleração na técnica heurística. Neste capítulo, vamos explicar como podemos melhorar o algoritmo de treino Levenberg-Marquardt (LMTA) e reduzir as suas limitações.

2.2. Algoritmo de treinamento para redes neurais

Qualquer método de otimização, local ou global, pode ser aplicado para obter o valor ótimo dos parâmetros das redes neuronais, como os pesos. Naturalmente, as pesquisas locais dão origem a soluções locais; uma vez que se tenta evitar esta limitação. O desempenho da formação varia consoante a configuração da rede e a superfície de erro para um determinado problema. Uma vez que a informação sobre o gradiente da superfície de erro está disponível para as configurações de rede mais amplamente aplicadas, os métodos de otimização mais populares têm sido variantes de algoritmos BP baseados no gradiente. Naturalmente, isto resulta por vezes de uma combinação inseparável da configuração da rede e do algoritmo de formação, o que limita a liberdade de escolha do método de otimização.

No entanto, os algoritmos de otimização global podem ser úteis para a validação de uma solução óptima obtida pelo algoritmo de treino BP.

No processo de formação, os parâmetros da rede são actualizados de acordo com a seguinte regra:

$$w_{k+1} = w_k + \eta \rho_k \qquad (2.1)$$

Onde;

η: é a taxa de aprendizagem;

ρ_k: Direção de pesquisa calculada pelo algoritmo de treino.

A taxa de aprendizagem é utilizada para determinar a duração da atualização do peso na maioria dos algoritmos de formação.

O progresso do treino do algoritmo BP standard é dado da seguinte forma. Aqui, assume-se que existem n nós na primeira camada (camada de entrada), a segunda camada (camada oculta) é constituída por *m* nós e a terceira camada (camada de saída) é constituída por um nó.

Passo 0: Inicialização dos pesos.

Inicializar aleatoriamente os pesos e as polarizações, respetivamente, em todas as ligações (caminhos) da RNA.

Alimentação direta:

Etapa 1: *Distribuição de entradas feed forwarding.*

Cada uma das entradas $(x\colon x_1, x_2, x_3, \ldots, x_n)$ e $(t\colon t_1, t_2, t_3, \ldots, t_n)$ é enviada para todos os neurónios da camada oculta.

Passo 2: *Somatório em cada neurónio da camada oculta.*
Cada neurónio desta camada calcula a soma do produto interno dos seus pesos e da polarização com as entradas.
Passo 3: *O produto interno é transferido para a camada oculta.*
Selecionar a função de transferência adequada para somar o valor na etapa 2. Em seguida, a sua saída é enviada para a camada de saída como uma entrada.
Passo 4: Somatório no somador em cada neurónio da camada de saída.
Os neurónios desta camada somam as suas entradas ponderadas.
Passo 5: O produto interno é transferido para a camada externa.
A função de transferência do neurónio nesta camada calcula a sua saída, que é também a saída da rede global.
Passo 6: Cálculo do erro quadrático.
Depois de o neurónio de saída ter calculado a saída, o erro pode ser calculado.
Passo 7: Verificação do estado de paragem.
Se o erro for inferior a um valor específico, a formação pára e os pesos e as polarizações são enviados. Caso contrário, o treino prossegue para o passo seguinte.
Propagação posterior:
Etapa 8: Cálculo da sensibilidade para a camada de saída.
A sensibilidade é a alteração do índice de desempenho que responde à entrada na camada de saída.
Passo 9: A lei de correção para o cálculo dos pesos na camada de saída.
De acordo com a regra de formação escolhida, são calculadas as leis de correção dos pesos entre a camada oculta e a camada de saída.
Passo 10: A propagação da sensibilidade.
O termo de sensibilidade da saída é enviado de volta para a camada oculta. Cada unidade oculta recebe a sua entrada da camada de saída e, em seguida, a sensibilidade é calculada para atualizar os pesos na camada oculta. Como existem m nós na camada oculta, o termo de sensibilidade é um vetor.
Passo11: A correção para o cálculo dos pesos na camada de saída
Agora, são calculadas as leis de correção para o peso e o desvio.
Atualizar ponderações e enviesamentos:
Etapa 12: A unidade de saída actualiza os parâmetros.
No final de cada iteração, os pesos e a polarização são renovados. Os pesos e a polarização renovados são os seguintes:

$$v_{kcurrent} = v_{kprevious} + \Delta v_k$$

$$b_{current} = b_{previous} + \Delta v_k,$$

em que "atual" significa a iteração atual e "anterior" significa a iteração anterior, v é o peso da camada de saída e b é a polarização.
Etapa 13: Cada unidade oculta actualiza a sua polarização e os seus pesos do seguinte modo

$$w_{kcurrent} = w_{kprevious} + \Delta w_k$$

$$b_{kcurrent} = b_{kprevious} + \Delta w_k$$

onde, w é o peso da camada oculta e b é a polarização.
Passo 14: Regressar ao passo 2 para a próxima iteração.

2.3. Método de Levenberg - Marquardt

O método Levenberg - Marquardt (LM) foi formulado para se aproximar da velocidade de formação de ordem 2nd sem ter de calcular a matriz Hessiana, quando a função de desempenho tem a forma de uma soma de quadrados. Neste caso, a matriz Hessiana pode ser aproximada como $H = J^T J$ e o gradiente pode ser calculado como g= $J^T E(w_k)$ em que J é a matriz Jacobiana que contém as primeiras derivadas da função de erro (função de desempenho) em relação aos pesos e$E(w_k)$, é um vetor de erros da rede. O método LM utiliza a seguinte aproximação para a matriz Hessiana:

$$H \approx J^T J + \mu I \qquad (2.2)$$

Onde;

μ: é sempre não negativo, designado por coeficiente de combinação,

I: é a matriz identidade.

A partir da equação (2.2), pode observar-se que os elementos da diagonal principal da matriz Hessiana aproximada serão maiores do que zero.

Utilizamos esta aproximação de H (equação (2.2)) na atualização de Newton da seguinte forma:

$$w_{k+1} = w_k - \left(J_k{}^T J_k + \mu_k I\right)^{-1} J_k^T \, e(w_k) \qquad (2.3)$$

Quando o escalar $\mu = 0$, este é apenas o método de Newton, quando μ é grande, este torna-se uma descida gradiente com um pequeno tamanho de passo.

2.4. O custo da utilização do método de Levenberg - Marquardt

Existem vários tipos de custos associados à utilização do método linear: derivadas, computação e armazenamento. Na sua forma clássica, o método linear requer segundas derivadas, a solução de um sistema linear e o armazenamento de uma matriz. Para um problema de *n variáveis*, existem $0(n^2)$ entradas na matriz Hessiana (H), o que significa que devem ser programadas $0(n^{2}')$ expressões para calcular estas derivadas, ou seja, a avaliação exacta de H é computacionalmente intensiva. O cálculo do Hessiano inverso (H^{-1}) é ainda mais intensivo do ponto de vista computacional. Os outros custos do método linear são os custos computacionais da aplicação do método. Se existirem *n* variáveis, e se o problema não for esparso, o cálculo do H envolve o cálculo e o armazenamento de cerca de n^2 entradas, e a resolução de um sistema linear requer cerca de n^3 operações aritméticas. Se *n* for pequeno, estes custos podem ser aceitáveis. Para *n* de dimensão moderada (digamos, $n < 200$), o armazenamento desta matriz pode ser aceitável, mas a resolução de um sistema linear pode não o ser. Também para *n* grande (digamos, $n > 1000$), mesmo o armazenamento desta matriz pode ser indesejável.

Devido a essa limitação, o método linear pode não convergir ou pode convergir para um ponto que não seja um mínimo.

Para ultrapassar estas desvantagens, sugerimos a seguinte melhoria.

2.5. Melhorar o algoritmo de formação Levenberg-Marquardt

Considere as equações de desempenho não lineares:

$$E(w) = 0 \qquad (2.4)$$

em que$E(w)\colon R^m \rightarrow R^n$ é uma função de Lipschitz continuamente diferenciável. Esta última hipótese significa que$\|E(w_2) - E(w_1)\| \leq L\|w_2 - w_1\|$ onde é designada por constante de

Lipschitz. Suponhamos que a equação (2.4) tem uma solução não vazia . Referimo-nos $\|\cdot\|$ à norma 2nd em todos os casos. Com uma escolha adequada do parâmetro, provamos que se $\|E(w)\|$ dá o limite de erro para algum $w^* \in W$, então a sequência gerada usando o algoritmo LM modificado converge super linearmente para a solução da equação (2.4).

Agora, apresentaremos algumas das definições, hipóteses e teoremas para ajudar a provar a convergência do algoritmo linear modificado.

Definição 2.1

Um minimizador local é um ponto w que satisfaz a condição:

$$f(w*) \leq f(w), \forall\ w, \text{ de tal forma } \|w - w*\| < \varepsilon,$$

em que ε é um pequeno número positivo cujo valor pode depender de w*. Do mesmo modo, definido é um minimizador local estrito:

$$f(w*) < f(w) \text{ para todo o w tal } 0 < \|w - w*\| < \varepsilon.$$

Note-se que é possível que uma função tenha um minimizador local e, no entanto, não tenha um minimizador global. Também é possível não ter nem minimizadores globais nem locais, ter minimizadores globais e locais, ter múltiplos minimizadores globais e várias outras combinações [19]. Neste capítulo, tentaremos obter parâmetros de rede que sejam minimizadores locais para a função de desempenho (2.4). O principal objetivo é obter parâmetros óptimos que sejam minimizadores globais e locais. Isto é possível quando a função de desempenho em (2.4) satisfaz a condição necessária de primeira ordem para um minimizador.

Note-se que $\nabla E(w*) = 0$, é referida como a condição necessária de primeira ordem para um minimizador. Isto é, o gradiente da função de desempenho nos pesos óptimos é igual a zero, ou seja, g(w*)= 0.

Ao longo deste trabalho utilizamos $\nabla E(w^*) = g(w^*)$.

É uma condição "necessária", pois se w * é um minimizador local, então satisfaz "necessariamente" g(w*) = 0. A condição não é "suficiente" para determinar um minimizador local, pois um ponto que satisfaz g(w *) = 0 pode ser um minimizador local, um maximizador local ou um ponto de sela (um ponto estacionário que não é nem um minimizador nem um maximizador).

Os minimizadores locais podem ser distinguidos de outros pontos estacionários examinando as derivadas 2nd que dependem da expansão da série de Taylor em w = w* + p, e utilizando o resultado de que g(w *) = 0. Vemos que $\nabla^2 E(w*)$ = H tem de ser positivo T semidefinida. Se não, então $v^T H(w*) v < 0$, para algum v. Então também é verdade que $v^T H(\xi) v < 0$ se $\|\xi - w*\|$ for pequeno. Isto deve-se ao facto de se assumir que H é contínuo em w * . Se p for escolhido como um múltiplo suficientemente pequeno de v, então o ponto ξ estará suficientemente próximo de w* para garantir (através da série de Taylor) que E(w) < E(w *), o que é uma contradição. Assim, se w* é um minimizador local, então H (w *) é semi-definido positivo. Isto é referido como a condição necessária de segunda ordem para um minimizador, com o "segunda ordem" a referir-se à utilização de 2nd derivadas ou ao termo de 2nd ordem na série de Taylor.

Existe também uma condição suficiente de ordem 2nd, "suficiente" para garantir que w* é um minimizador local:

Se g(w *) = 0 e H (w *) for positivo definido, precisamos do seguinte teorema:
Teorema 2.2

Seja F(x) um *vetor m* de funções de $x=(x_1, \ldots, x_n)^T$. Suponha-se que o Jacobiano de F é Lipschitz contínuo num conjunto convexo aberto *S* com uma constante L. Então, para qualquerx,ye S,

$$\|F(y) - F(x) - \nabla F(x)^T(y-x)\| \leq \frac{L}{2}\|y-x\|^2 \text{ [19]}.$$

Nesta secção, mostramos como utilizar uma "factorização matricial modificada" para garantir uma direção descendente para o método LM. (São necessários requisitos adicionais para garantir a convergência).

No método linear clássico, a direção de pesquisa é definida por:

$\rho_k = -(J_k^T J_k + \mu_k I)^{-1} g(w_k)$, i.e.,

$$(J_k^T J_k + \mu_k I)\rho_k = -g(w_k) \qquad (2.5)$$

Em que ρ_k é a direção de pesquisa calculada na etapa k, $g(w_k)$ é o gradiente da função de desempenho em relação aos pesos da etapa k, que pode ser calculado como $g(w_k) = J^T(w_k).e(w_k)$, e J é a matriz Jacobiana[19].

Agora, para garantir a convergência do algoritmo linear, devemos satisfazer a seguinte condição (condição de descida):

$$E(w_k + \eta\rho_k) < E(w_k), \quad \eta > 0 \qquad (2.6)$$

Isto é possível se a direção de pesquisa for uma direção descendente, ou seja, se $\rho_k^T g(w_k) < 0$, utilizar uma "factorização matricial modificada" para garantir isto para o algoritmo LM, pelo que sugerimos os seguintes procedimentos:
No algoritmo linear, a direção de pesquisa é definida por (dependendo de (2.5):

$$\rho_k = -(J_k^T J_k + \mu_k I)^{-1} g(w_k), \qquad (2.7)$$

Para que *p* seja uma direção de descida no ponto w, deve satisfazer:

$$\rho_k^T g(w_k) = -g(w_k)(J_k^T J_k + \mu_k I)^{-1} g(w_k) < 0, \qquad (2.8)$$

Ou

$$g(w_k)(J_k^T J_k + \mu_k I)^{-1} g(w_k) > 0, \qquad (2.9)$$

Esta condição será satisfeita se $(J^T J + \mu I)^{-1}$ ou, equivalentemente, $(J^T J + \mu I)$, for positivo definido. Exigir que $(J^T J + \mu I)$, seja positivo definido é uma condição mais forte do que $\rho_k^T g(w_k) < 0$,

Para o justificar, recorde-se que o algoritmo LM pode ser interpretado como uma aproximação de $E(w_k + \rho)$ por uma forma quadrática:

$$E(w_k + \rho) \approx E(w_k) + \rho^T g(w_k) + \frac{1}{2}\rho^T (J_k^T J_k + \mu_k I)\rho, \qquad (2.10)$$

Uma visão alternativa é minimizar a função quadrática em função de ρ. Se $J^T J + \mu I$ for definida positiva, então o mínimo é obtido colocando a derivada igual a zero. Se $J^T J + \mu I$ for indefinida, então a função quadrática não tem um mínimo finito.

Se a matriz Hessiana for indefinida, então uma estratégia possível é substituir a Hessiana por uma matriz definida positiva relacionada. Isto garante que p é uma direção de descida. Também implica que p corresponde à minimização de uma aproximação quadrática da função objetivo E, esta aproximação quadrática é obtida a partir da série de Taylor, substituindo $J^TJ + \mu I$ pela matriz definida positiva relacionada.

Agora, na equação (2.5), se $(J^TJ + \mu I)$ é indefinido, então a factorização

$$J^TJ + \mu I = LU, \tag{2.11}$$

Onde L é uma matriz triangular inferior e U é uma matriz triangular superior. Seja D a matriz diagonal cujas entradas são as entradas diagonais de U, ou seja, $d_{i,i} = u_{(i,i)}$, e defina $\tilde{U} = D^{-1}U$, de modo que, $D\tilde{U} = U$. Assim:

$$J^TJ + \mu I = L D\tilde{U} \tag{2.12}$$

Se $(J^TJ + \mu I)$ é definido positivo, então também é simétrico, de modo que:

$$(J^TJ + \mu I)^T = \tilde{U}^T D^T L^T = \tilde{U}^T D L^T = J^TJ + \mu I = L D\tilde{U} \tag{2.13}$$

Então, é fácil verificar que $\tilde{U} = L^T$, de modo que:

$$J^TJ + \mu I = L DL^T \tag{2.14}$$

Estas são as novas factorizações quando $(J^TJ + \mu I)$ é definida positiva e a matriz diagonal D tem entradas diagonais positivas.

Se $(J^TJ + \mu I)$ não for positivo definido, então, em algum momento durante a computação da factorização, alguma entrada diagonal de D satisfará $d_{i,i} \leq 0$, se isso acontecer, então $d_{i,i}$ deve ser substituído por alguma entrada positiva, talvez $|d_{i,i}|$ ou algum pequeno número positivo.

Pode mostrar-se (através das fórmulas para a factorização da matriz) que modificar as entradas de D é equivalente a substituir $(J^TJ + \mu I)$ por:

$$J^TJ + \mu I \rightarrow J^TJ + \mu I + A, \tag{2.15}$$

Onde A é uma matriz diagonal, e depois fatorizar esta matriz,

$$J^TJ + \mu I + A = L DL^T, \tag{2.16}$$

e assim a matriz Hessiana modificada é positiva definida. Em seguida, esta factorização é utilizada para calcular a direção de pesquisa p (na equação (2.5)) da seguinte forma:

$$(L DL^T)p_K = -g(w_k), \tag{2.17}$$

e, por conseguinte, a técnica global corresponde a substituir $(J^TJ + \mu I)$ pela matriz positiva definida $(J^TJ + \mu I + A)$. Mesmo que $(J^TJ + \mu I)$ fosse sempre positiva definida, esta matriz continuaria a ser facturada para calcular p e, assim, esta factorização matricial "modificada" é obtida com pouco esforço, bastando alterar qualquer dj j negativo (ou zero) para um número positivo adequado. A figura (2.1) ilustra o fluxograma do algoritmo LM modificado.

O teorema seguinte garante que, se $(J^TJ + \mu I)$ ou a sua modificação $(J^TJ + \mu I + A)$. for positiva definida, então a sequência $\{w_k\}$ gerada utilizando o algoritmo LM modificado converge super linearmente para a solução da equação (2.4).

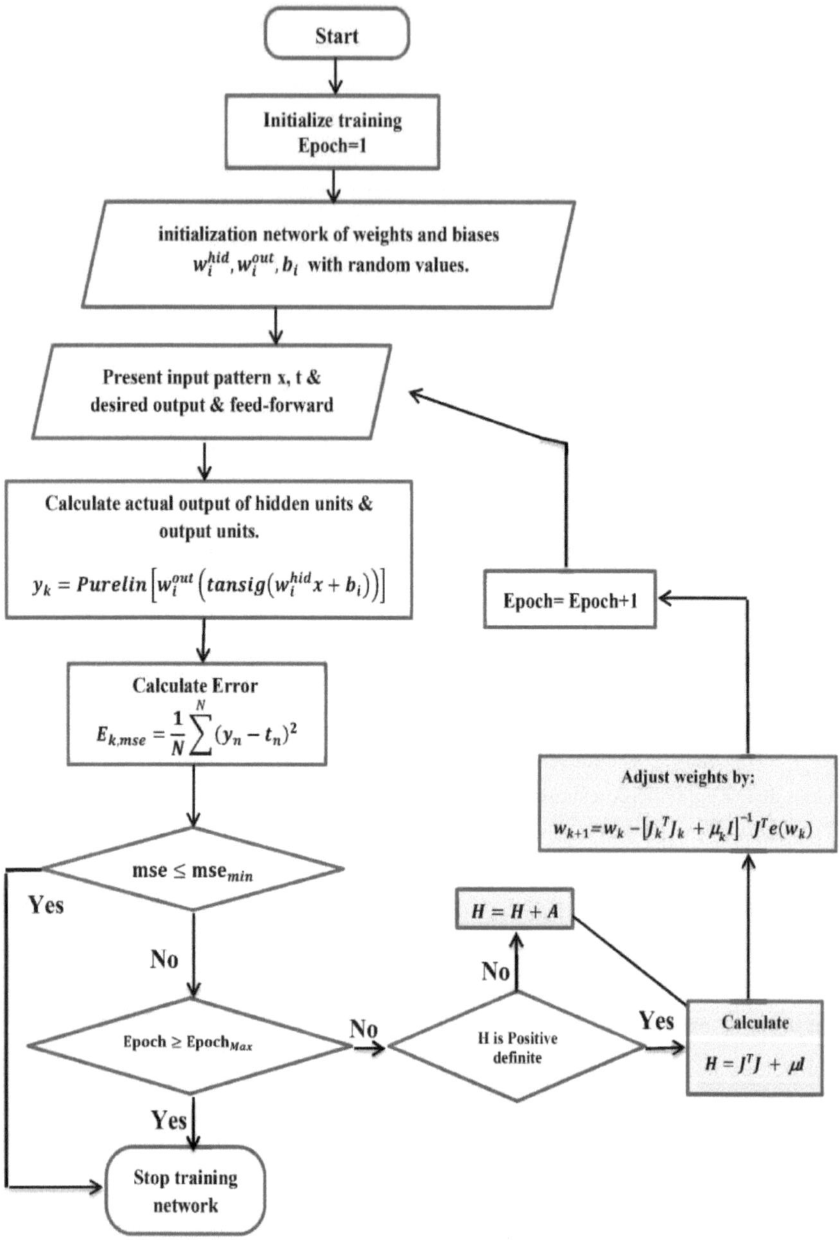

Figura 2.1: Fluxograma do algoritmo de Levenberg-Marquardt modificado.

Teorema 2.3 (Convergência Super Linear).

Seja E uma função de valor real de n variáveis definida num conjunto aberto convexo S.

Suponha-se que $J^TJ + \mu I$ é definida positiva e contínua de Lipschitz. Considere-se a sequência $\{ w_k \}$ gerada por: $w_{k+1} = w_k + \rho_k$, em que ρ_k é a direção de pesquisa calculada pelo algoritmo LM, suponha que ,$\{w_k\} \subset S \lim_{k\to\infty} w_k = w_* \in S$, e que $w_k \neq w_*$ para todo o k. Então

i) $\{w_k\}$ converge para w_* de forma superlinear

ii) $g(w_*) = 0$

Se e somente se,

$$\lim_{k\to\infty} \frac{\|\rho_k - (\rho_N)_k\|}{\|\rho_k\|} = 0$$

em que $(\rho_N)_k$ é calculado pelo algoritmo LM melhorado em w_k.

Prova

(1) Supondo que $\lim_{k\to\infty} \frac{\|\rho_k - (\rho_N)_k\|}{\|\rho_k\|} = 0$, é verdadeira. Temos de mostrar: llPkll

i) $\{w_k\}$ Converge para W* de forma superlinear.

ii) $g(w_*) = 0$.

Agora, provamos (i):

A partir das hipóteses sobre *g* e suas derivadas, existe um L > 0, tal que:

$\|g(w_{k+1})\| = \|g(w_{k+1}) - 0\|$

$= \|g(w_{k+1}) - g(w^*)\| \leq L\|w_{k+1} - w^*\|$ (por Lipschitz contínuo)

para todos os valores suficientemente grandes de k:

$$\frac{\|g(w_{k+1})\|}{\|\rho_k\|} \leq \frac{L\|w_{k+1} - w^*\|}{\|\rho_k\|}$$

$$= \frac{L\|w_{k+1} - w^*\|}{\|w_{k+1} - w_k\|} \text{ (sience,)} \|\rho_k\| = \|w_{k+1} - w_k\|$$

$$= \frac{L\|w_{k+1} - w^*\|}{\|w_{k+1} - w^* + w^* - w_k\|}$$

$$= \frac{L\|w_{k+1} - w^*\|}{\|w_{k+1} - w^* - (w_k - w^*)\|}$$

$$\geq \frac{L\|w_{k+1} - w^*\|}{\|w_{k+1} - w^*\| + \|w_k - w^*\|}$$

$$= \frac{\frac{L\|w_{k+1} - w^*\|}{\|w_k - w^*\|}}{\frac{\|w_{k+1} - w^*\| + \|w_k - w^*\|}{\|w_k - w^*\|}}$$

$$= \frac{\frac{L\|w_{k+1} - w^*\|}{\|w_k - w^*\|}}{\frac{\|w_{k+1} - w^*\|}{\|w_k - w^*\|} + 1}$$

Mas desde então,

$$\lim_{k\to\infty}\frac{\|g(w_{k+1})\|}{\|\rho_k\|}=0,$$

segue-se que:

$$\lim_{k\to\infty}\frac{L\|w_{k+1}-w^*\|}{\|w_k-w^*\|}=0,$$

Ou seja, $\{w_k\}$ converge superlinearmente para w*.

Agora para provar (ii) gO*) = 0

$$g(w_{k+1})=g(w_{k+1})-H(w_k)[\rho_k-(\rho_N)_k]+H(w_k)[\rho_k-(\rho_N)_k]$$

$$=g(w_{k+1})-H(w_k)\rho_k+H(w_k)(\rho_N)_k+H(w_k)[\rho_k-(\rho_N)_k]$$

e uma vez que, $-g(w_k)=H(w_k)(\rho_N)_k$ e $w_{k+1}=w_k+\rho_k$, temos:

$$=g(w_{k+1})-H(w_k)(w_{k+1}-w_k)-g(w_k)+H(w_k)[\rho_k-(\rho_N)_k]$$

Então,

$$\frac{g(w_{k+1})}{\|\rho_k\|}=\frac{g(w_{k+1})-H(w_k)(w_{k+1}-w_k)-g(w_k)+H(w_k)[\rho_k-(\rho_N)_k]}{\|\rho_k\|}$$

$$\frac{\|g(w_{k+1})\|}{\|\rho_k\|}=\frac{\|g(w_{k+1})-H(w_k)(w_{k+1}-w_k)-g(w_k)+H(w_k)[\rho_k-(\rho_N)_k]\|}{\|\rho_k\|}$$

$$\frac{\|g(w_{k+1})\|}{\|\rho_k\|}\le\frac{\|g(w_{k+1})-g(w_k)-H(w_k)(w_{k+1}-w_k)\|}{\|\rho_k\|}+\|H(w_k)\|\frac{\|[\rho_k-(\rho_N)_k]\|}{\|\rho_k\|}$$

Mas $\|g(w_{k+1})-g(w_k)-H(w_k)(w_{k+1}-w_k)\|\le\frac{L}{2}\|\rho_k\|^2$ (pelo teorema (2.2))

Então:

$$\lim_{k\to\infty}\frac{\|g(w_{k+1})\|}{\|\rho_k\|}\le\lim_{k\to\infty}\frac{L\|\rho_k\|^2}{2\|\rho_k\|}+\lim_{k\to\infty}\|H(w_k)\|\frac{\|[\rho_k-(\rho_N)_k]\|}{\|\rho_k\|}=0$$

O lado direito da desigualdade acima é zero porque $\|H(w_k)\|$ tem um limite finito devido aos pressupostos de continuidade e uma vez que $\lim_{k\to\infty}\|\rho_k\|=0$, então

$$g(w^*)=\lim_{k\to\infty}g(w_k)=0.$$

Depois, a prova da segunda parte fica completa.

(2) Assumir (i) e (ii), para provar:

$$\lim_{k\to\infty}\frac{\|\rho_K-(\rho_N)_K\|}{\|\rho_K\|}=0$$

Agora, existe uma constante $L>0$ tal que:

$$\|g(w_{k+1})\|=\|g(w_{k+1})-0\|$$ (a partir de (ii))

$$=\|g(w_{k+1})-g(w_*)\|\le L\|w_{k+1}-w_*\|$$ (por Lipschitz contínuo), para todos os k suficientemente grandes.

$$\lim_{k\to\infty}\frac{\|w_{k+1}-w^*\|}{\|w_k-w^*\|}=0$$ (de (i))

$$\geq \lim_{k\to\infty} \frac{1}{L} \frac{||g(w_{k+1})||}{||w_k - w^*||}$$

$$= \lim_{k\to\infty} \frac{1}{L} \frac{||g(w_{k+1})||}{||w_k - w^*||} \frac{||\rho_K||}{||\rho_K||}$$

$$= \lim_{k\to\infty} \frac{1}{L} \frac{||g(w_{k+1})||}{||\rho_K||} \frac{||w_{k+1} - w_k||}{||w_k - w^*||}$$

Desde então, $\lim_{k\to\infty} \frac{||w_{k+1} - w_k||}{||w_k - w^*||} = 1,$

Obtemos que

$$\lim_{k\to\infty} \frac{||g(w_{k+1})||}{||\rho_K||} = 0 .$$

Agora, por um argumento semelhante ao usado no passo (ii) da primeira metade da prova,

$$\frac{||H(w_k)[\rho_k - (\rho_N)_k]||}{||\rho_K||} \leq \frac{||g(w_{k+1}) - g(w_k) - H(w_k)(w_{k+1} - w_k)||}{||\rho_k||} + \frac{||g(w_{k+1})||}{||\rho_k||} .$$

Como o limite do lado direito é zero, obtemos que

$$\lim_{k\to\infty} \frac{||H(w_k)[\rho_k - (\rho_N)_k]||}{||\rho_K||} = 0 .$$

Uma vez que $H(w^*)$ é positivo definido, então $H(w_K)$ é positivo definido para valores grandes de k e, por conseguinte, $H(w_K)$ é positivo definido para valores grandes de k:

$$\lim_{k\to\infty} \frac{||[\rho_k - (\rho_N)_k]||}{||\rho_K||} = 0$$

De seguida, estudamos como escolher a taxa de aprendizagem adequada.

2.6. Escolha adequada da taxa de aprendizagem

A taxa de aprendizagem (η) é um parâmetro que regula a velocidade da aprendizagem e controla a distância entre os pesos em diferentes iterações.

A escolha de um valor adequado de η permite acelerar o treino e, em seguida, acelerar a convergência, além de ajudar a rede a evitar o problema dos mínimos locais.

Neste livro, escolhemos η que satisfazem a seguinte condição de redução suficiente:

$$E(w_k + \eta_k \Delta w_k) \leq E(w_k) + \mu \eta_k \Delta w_k \qquad (2.18)$$

em que μ é o coeficiente de combinação no algoritmo LM, $0 < \mu < 1$,

2.7. Melhorar a generalização da rede sugerida

Um dos problemas que ocorrem durante o processo de treino é o chamado sobreajuste. Isto ocorre quando o erro no conjunto de treino se torna um valor muito pequeno, mas quando se introduzem novos dados na RNA o erro é grande.

Existem dois métodos para modificar a generalização da RNA que são implementados neste trabalho: regularização e paragem antecipada.

As próximas subsecções descrevem estas duas técnicas e as rotinas para as implementar.

2.7.1. Regularização

Isto implica a alteração da função de desempenho, que é normalmente escolhida como sendo a soma dos quadrados dos erros da rede no conjunto de treino:

$$E = mse = \frac{1}{N}\sum_{i=1}^{N}(e_i)^2 = \frac{1}{N}\sum_{i=1}^{N}((y_a)_i - (y_t)_i)^2 \qquad (2.19)$$

O melhor método para evitar o problema de sobreajuste é alterar ou modificar a função de desempenho para obter a melhor generalização.

Neste livro, modificámos a função de desempenho acrescentando um termo que consiste na média da soma dos quadrados dos pesos da rede:

$$msereg = \gamma\, mse + (1-\gamma)\, msw \qquad (2.20)$$

em que γ é o rácio de desempenho, e

$$msw = \frac{1}{n}\sum_{j=1}^{n} w_j^2 \qquad (2.21)$$

2.7. 2. Paragem antecipada

Outro método para modificar a generalização é a chamada paragem precoce. Nesta técnica, os dados disponíveis são divididos em três subconjuntos. O primeiro subconjunto é o conjunto de treino, que é utilizado para calcular o gradiente e atualizar os parâmetros da rede. O segundo subconjunto é o conjunto de validação; o erro no conjunto de validação é observado durante o processo de formação. O erro de validação diminui normalmente durante a fase inicial do treino, tal como o erro do conjunto de treino. No entanto, quando a rede começa a se ajustar demais aos dados, o erro no conjunto de validação normalmente começa a aumentar. Quando o erro de validação aumenta para um número especificado de iterações, o treinamento é interrompido e os pesos e biases no mínimo do erro de validação são retornados.

O terceiro subconjunto é o conjunto de teste, o erro do conjunto de teste não é utilizado durante o treino, mas é utilizado para comparar diferentes modelos.

CAPÍTULO 3

Formulação de modelos matemáticos e conceção de redes neuronais

3.1. Introdução

Neste capítulo, descrevemos e desenvolvemos um modelo matemático para a propagação da contaminação através dos solos que pode ser utilizado para determinar a taxa de contaminação através da estimativa da concentração de metais pesados no solo. Em seguida, concebemos redes adequadas para resolver a equação deste modelo, em que a solução da equação representa a concentração de metais pesados no solo para qualquer profundidade e tempo, sem gastar em inspecções laboratoriais tradicionais.

3.2. Modelo matemático

Este livro de investigação tem como objetivo desenvolver um modelo matemático que permita estimar a taxa de concentração de metais pesados no solo. Este objetivo pode ser alcançado através da realização dos seguintes objectivos:

- Recolha de dados que mostram a concentração de metais pesados em diferentes percentagens do solo em função da distância e do tempo.
- Desenvolvimento de equações de modelos matemáticos para a concentração de metais pesados no solo.
- Simulação da equação do modelo utilizando o programa informático Mat lab 2014 professional.
- Comparar o resultado simulado com os dados experimentais.

3.3. Equação Convectiva - Difusiva

Durante muitos anos, foram adicionadas ao solo substâncias potencialmente nocivas através da aplicação no solo de produtos químicos agrícolas, da eliminação de águas residuais e lamas industriais, de aterros e de locais de armazenamento de resíduos perigosos com fugas. As substâncias potencialmente nocivas, incluindo metais pesados, pesticidas e outros produtos químicos orgânicos industriais, e mesmo suplementos de nutrientes para plantas, podem contaminar os solos, as massas de água superficiais e os aquíferos subterrâneos. Assim, as preocupações com a qualidade do solo e da água levaram a um interesse crescente na compreensão dos processos de reação e transporte de solutos nos solos.

São necessários modelos que incluam reacções de retenção e libertação de solutos com a matriz do solo. As reacções de retenção e libertação nos solos incluem precipitação / dissolução, troca iónica e reacções de adsorção / dessorção (Amacher et al. 1986 [5]). A retenção e a libertação são influenciadas por uma série de propriedades do solo, incluindo a textura, a densidade aparente, o poder do hidrogénio (PH), a condutividade eléctrica (CE), a matéria orgânica e o tipo e quantidade de minerais argilosos. A equação modelo que descreve este problema é dita equação convectiva-difusiva e tem a forma seguinte

$$\frac{\partial C}{\partial t} + v\frac{\partial C}{\partial x} = \frac{\partial}{\partial x}\left(D_L\frac{\partial C}{\partial x}\right) - f - \frac{\partial C_a}{\partial t} \qquad (3.1)$$

Onde;

C: do soluto $\left(\frac{mg}{L}\right)$

v: de Darcy $\left(\frac{cm}{hr}\right)$

D_L: Coeficiente de dispersão hidrodinâmica $\left(\frac{cm^2}{hr}\right)$

x: Profundidade do solo (cm)

t: Tempo (dia^{-1})

Ca: Concentração do produto químico adsorvido

f: Taxa de decaimento da reação irreversível.

3.4. Modificação do modelo matemático

A equação convectivo-difusiva descrita na secção anterior consiste na descrição da contaminação dos solos por lamas de depuração. Os metais pesados libertados pelas lamas de depuração distribuem-se pelo sistema do solo e permanecem na solução do solo sob a forma de complexos de ferro, orgânicos e inorgânicos. Alguns destes metais pesados são móveis e podem ser absorvidos pelas plantas. Esta mobilidade e disponibilidade depende de vários factores, incluindo a textura e o pH do solo (Nouri, 1980 [33] e Alloway, 1995 [3]). Diversos investigadores já investigaram a mobilidade dos metais pesados no solo modificado com lamas de depuração e concluíram que apenas uma quantidade relativamente pequena de metais estava disponível para transporte na água do solo imediatamente após a aplicação das lamas, o que foi adicionado à equação do modelo (3.1) como uma modificação. Além disso, nas regiões industriais, onde estão activos alguns tipos de fábricas, estariam também activos vários processos químicos e petroquímicos. Como resultado, a água industrial fica contaminada com várias substâncias nocivas; estas são fontes de contaminação ambiental, acrescentando na descrição a equação do modelo modificado. A equação do modelo (3.1), que pode ser escrita como:

$$\frac{\partial C}{\partial t} = D_L \frac{\partial^2 C}{\partial x^2} - V_x \frac{\partial C}{\partial x} - \frac{\rho_b}{\theta} \frac{\partial S}{\partial t} \tag{3.2}$$

Onde;

$S = k_d . C$

C: Concentração do soluto $(\frac{mg}{L})$

K_d: Coeficiente de distribuição $(\frac{cm^2}{Kg})$

θ: Teor de água do solo

ρ_b: Densidade aparente do solo

V_x: Fluxo de Darcy $(\frac{cm}{hr})$

DL: Coeficiente de dispersão hidrodinâmica $(\frac{cm^2}{hr})$

x: Profundidade do solo (cm)

t: Tempo (dia^{-1})

Simplesmente, podemos escrever a equação (3.2) da seguinte forma:

$$\frac{\partial C}{\partial t} = D_L \frac{\partial^2 C}{\partial x^2} - V_x \frac{\partial C}{\partial x} - \frac{\rho_b}{\theta} \frac{\partial}{\partial t}(K_d C) \tag{3.3}$$

Uma vez que K_d é uma constante, reescreve-se a equação (3.3) da seguinte forma:

$$\frac{\partial C}{\partial t} = D_L \frac{\partial^2 C}{\partial x^2} - V_x \frac{\partial C}{\partial x} - \frac{K_d \rho_b}{\theta} \frac{\partial C}{\partial t} \tag{3.4}$$

E reorganizando obtemos:

$$\frac{\partial C}{\partial t} + \frac{K_d \rho_b}{\theta} \frac{\partial C}{\partial t} = D_L \frac{\partial^2 C}{\partial x^2} - V_x \frac{\partial C}{\partial x} \tag{3.5}$$

Depois temos:

$$\frac{\partial}{\partial t}C(1+\frac{K_d\rho_b}{\theta}) = D_L\frac{\partial^2 C}{\partial x^2} - V_x\frac{\partial C}{\partial x} \quad (3.6)$$

Isto é:

$$(1+\frac{K_d\rho_b}{\theta})\frac{\partial C}{\partial t} = D_L\frac{\partial^2}{\partial x^2}C - V_x\frac{\partial}{\partial x}C \quad (3.7)$$

Deixar $\rho = (1+\frac{K_d\rho_b}{\theta})$ (3.8)

Assim, a equação (3.7) pode ser escrita como:

$$\rho\frac{\partial C}{\partial t} = D_L\frac{\partial^2 C}{\partial x^2} - V_x\frac{\partial C}{\partial x}, \quad 0 < x < \infty, \quad t > 0 \quad (3.9)$$

Que é uma EDP linear de segunda ordem, com condições iniciais - de fronteira:

$C(0,t) = C_0$ e . $\frac{\partial C}{\partial x}(\infty,t) = 0$

$C(x,0) = C_x$

Onde;

C_0: Concentração inicial.

C_x: Concentração para a profundidade x $(\frac{mg}{L})$

V_x: A velocidade média da água dos poros, $(\frac{cm}{hr})$

x: Profundidade do solo (distância) (cm).

t : Hora (dia^{-1}).

p: Fator de retardamento. $(\frac{g}{cm^3})$

A quantidade de cada elemento retido por cada solo $(\frac{mg}{kg})$ foi calculada a partir da concentração inicial na solução $(\frac{mg}{L})$ e da concentração final C na solução $(\frac{mg}{L})$. A equação (3.9), que pode ser representada como um modelo matemático para a propagação da contaminação através dos solos, pode ser utilizada para determinar a taxa de contaminação. A solução da equação do modelo dá a concentração dos metais pesados no solo a qualquer distância e tempo. Este é um modelo importante para obter concentrações de metais pesados sem ter de gastar em inspecções laboratoriais tradicionais...

3.5. Solução da equação do modelo

Nesta secção, sugerimos uma conceção adequada de rede neural para resolver a equação (3.9), ou seja, sugerimos duas RNA do tipo FFNN. A primeira FFNN é utilizada para encontrar os parâmetros adequados do solo que são necessários na equação (3.9). Enquanto a segunda FFNN é utilizada para estimar a concentração de metais pesados no solo.

3.6. Conceber a primeira rede

Esta secção ilustra a conceção da primeira ANN. Sugerimos uma FFNN de várias camadas que consiste em três camadas: a camada de entrada consiste em sete nós de entrada, uma camada oculta consiste em quinze nós ocultos com função de transferência tansig. e a camada de saída consiste em três nós de saída com função de transferência purelin. A saída da FFNN sugerida, que representa a solução experimental, pode ser escrita como:

$$C_d = N(x, t, c_0, D_L, V_x, \rho, p)$$

Onde; x, t, D_L, V_x, ρ, c_0 é definido na equação (3.9), e p representa os pesos.

Então;

$$N = \sum_{i=1}^{15} v_i \text{tansig.}(z_i), \text{ where } z_i = \sum_{j=1}^{7} w_{ij}(x_j, t_j, c_{0j}, D_{Lj}, V_{xj}, \rho_j) + b_i \quad (3.10)$$

w_{ij}: representa o peso que liga o nó de entrada j ao nó oculto i,
v_i: representa o peso que liga o nó oculto i ao nó de saída,
b_i : representa o enviesamento do nó oculto i.
A quantidade de erro a ser minimizada é dada como:

$$E(p) = \sum_{i=1}^{n} \left\{ \frac{\partial^2 C_d}{\partial x^2} - f\left(x_i, t_i, \frac{\partial C_d}{\partial t}, \frac{\partial C_d}{\partial x}, \rho, D_L, V_x \right) \right\}^2 \quad (3.11)$$

Onde; $0 < x < \infty, t > 0$, e:

$$\frac{\partial^2 C_d}{\partial x^2} = \frac{\partial^2 N\,(x, t, c_0, \rho, D_L, V_x, p)}{\partial x^2};$$

$$\frac{\partial C_d}{\partial t} = \frac{\partial N\,(x, t, c_0, \rho, D_L, V_x, p)}{\partial t}$$

$$\frac{\partial C_d}{\partial x} = \frac{\partial N\,(x, t, c_0, \rho, D_L, V_x, p)}{\partial x};$$

$$\frac{\partial^2 C}{\partial x^2} = \frac{\partial f\left(x_i, t_i, \frac{\partial C}{\partial t}, \frac{\partial C}{\partial x}, \rho, D_L, V_x \right)}{\partial x^2} = \frac{\rho \frac{\partial C}{\partial t} + V_x \frac{\partial C}{\partial x}}{D_L};$$

A arquitetura da conceção sugerida é ilustrada na Figura (3.1).

3.7. Conceber a segunda rede

Esta secção ilustra a conceção da segunda RNA. Sugerimos uma FFNN de várias camadas que consiste em três camadas: a camada de entrada consiste em cinco nós de entrada, uma camada oculta consiste em onze nós ocultos com função de transferência tansig. e a camada de saída consiste num nó de saída com função de transferência purelin. A saída da FFNN sugerida, que representa a solução experimental, pode ser escrita como

$$C = N\,(x, t, c_0, s, p)$$

Onde; x, t, c_0 são definidos na equação (3.9), e s são os parâmetros do solo definidos na equação (3.9), p representam os pesos.
Então;

$$N = \sum_{i=1}^{11} v_i \text{tansig.}(z_i), \text{ where } z_i = \sum_{j=1}^{5} w_{ij}(x_j, t_j, c_{0j}, s_j) + b_i \quad (3.12)$$

Onde; w_{ij}, v_i, b_i definido como na equação (3.10).
A quantidade de erro que pode ser minimizada é dada como:

$$E(p) = \sum_{i=1}^{n} \left\{ \frac{\partial^2 C}{\partial x^2} - f\left(x_i, t_i, \frac{\partial C}{\partial t}, \frac{\partial C}{\partial x}, s \right) \right\}^2 \quad (3.13)$$

Onde; $0 < x < \infty, t > 0$, portanto:

$$\frac{\partial^2 C}{\partial x^2} = \frac{\partial^2 N\,(x, t, c_0, s, p)}{\partial x^2};$$

$$\frac{\partial \mathrm{C}}{\partial t} = \frac{\partial \mathrm{N}\,(x, t, \mathrm{c}_0, \mathrm{s}, \mathrm{p})}{\partial t};$$

$$\frac{\partial \mathrm{C}}{\partial x} = \frac{\partial \mathrm{N}\,(x, t, \mathrm{c}_0, \mathrm{s}, \mathrm{p})}{\partial x};$$

$$\frac{\partial^2 C}{\partial x^2} = \frac{\partial \mathrm{f}\left(x_{\mathrm{i}}, t_{\mathrm{i}}, \frac{\partial \mathrm{C}}{\partial t}, \frac{\partial \mathrm{C}}{\partial x}, \mathrm{s}\right)}{\partial x^2} = \frac{\rho \frac{\partial C}{\partial t} + V_x \frac{\partial C}{\partial x}}{D_L};$$

A arquitetura da conceção sugerida é ilustrada na Figura (3.2).

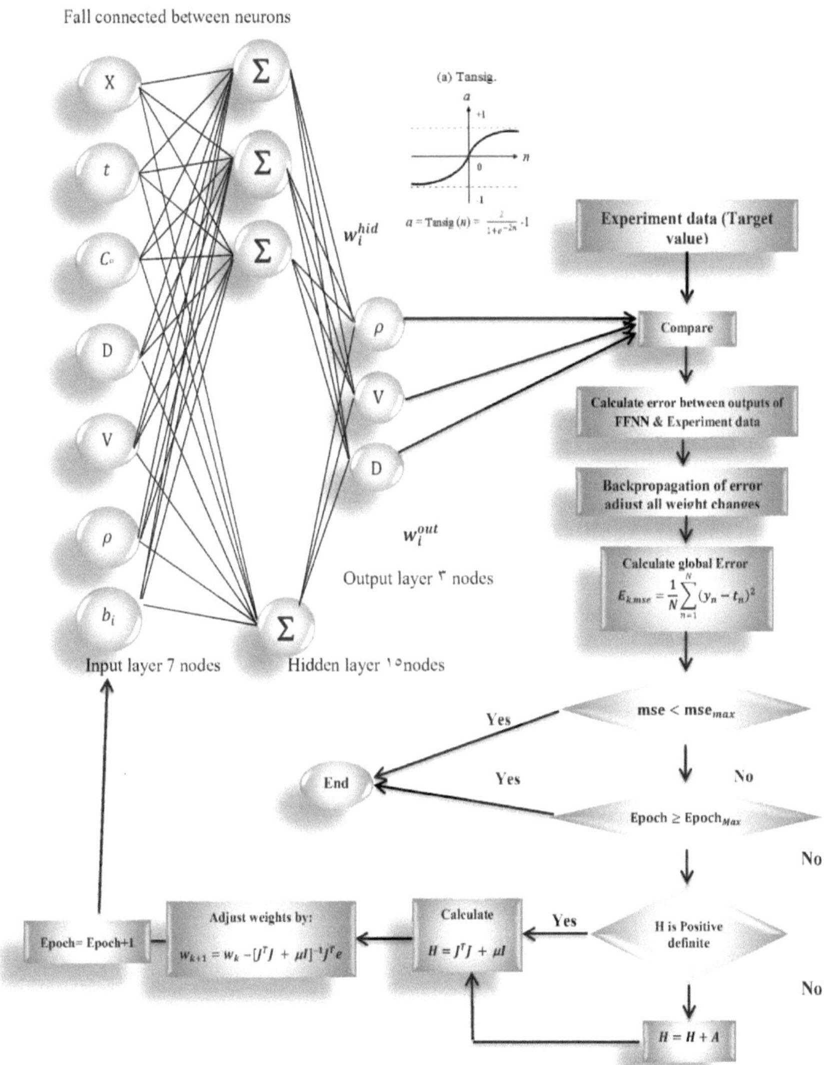

Figura 3.1: Conceção da primeira FFNN

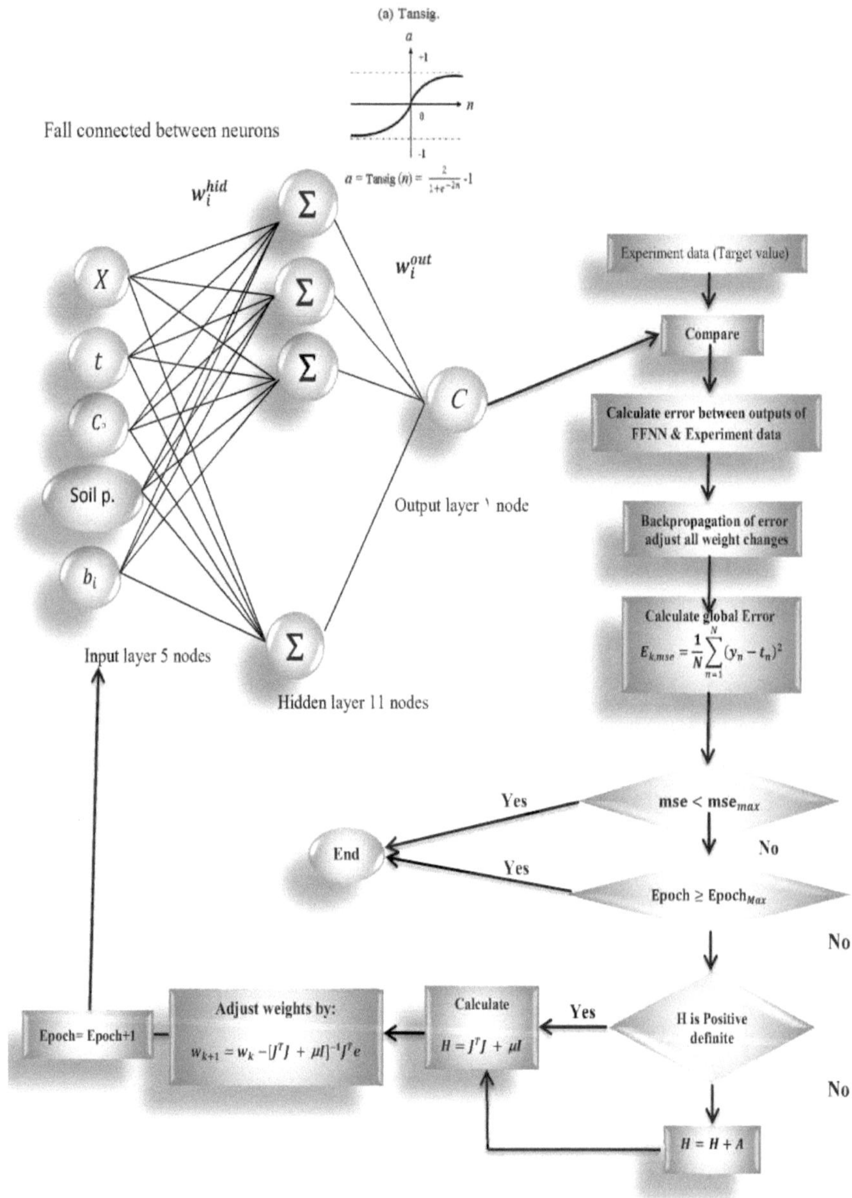

Figura 3.2: Conceção da segunda FFNN

2.8. Quando interromper a formação

O treino pára quando se verifica qualquer uma destas condições:

- É atingido o número máximo de épocas (repetições).
- O período máximo de tempo foi ultrapassado.

- O desempenho foi minimizado para o objetivo.
- O gradiente de desempenho é inferior a "min_grad".
- O desempenho da validação aumentou mais do que o tempo de max_fail desde a última vez que diminuiu (ao utilizar a validação).

CAPÍTULO 4

Aplicações

4.1. Introdução

Existem muitas aplicações de RNA, que incluem a estimativa da composição de uma mistura líquida ternária, previsões de transferência de massa num leito fluidizado rápido de sólidos finos, modelação para a estimativa da hidrodinâmica de um pacote, diagnóstico de falhas em instalações químicas complexas, estudo de adsorção e outras aplicações semelhantes são relatadas em [6],[8],[10],[18],[38],[21], [32],[37].

Neste capítulo, apresentamos uma aplicação para a conceção sugerida da equação do modelo e da RNA que descrevemos nos capítulos anteriores sobre a contaminação do ambiente, especialmente a contaminação do solo por metais pesados em diferentes regiões da cidade de Bagdade. O nosso objetivo é estimar a concentração destes metais pesados.

4.2. Amostragem

A capital do Iraque, a cidade de Bagdade (33°14'-33°25'N, 44°31'-44°17'E), é caracterizada por um clima árido a semi-árido, com Verões quentes e secos e Invernos frios; a precipitação média anual é de cerca de 151,8 mm. Para efeitos de recolha de amostras de solo, a área de estudo foi dividida em cinco tipos principais de utilização do solo: residencial, comercial, agrícola, estradas principais e industrial; e duas áreas principais de origem, dentro de cada tipo de utilização do solo: berma da estrada e áreas abertas. As áreas de amostragem são ilustradas pelo sistema de informação geográfica (SIG) apresentado nas figuras 4.1 a 4.3. As amostras de solo foram recolhidas durante a época de inverno de 2015. Sessenta e quatro amostras de solo com profundidade (0 - 40 cm) foram cuidadosamente coletadas de cada área de origem em diferentes tipos de uso da terra com uma espátula de aço inoxidável. Foram secas ao ar laboratório, homogeneizadas e peneiradas através de uma peneira de polietileno de 2 mm para remover detritos grandes, pedras e seixos, depois foram desagregadas com um pilão e almofariz de porcelana. Em seguida, estas amostras foram armazenadas em sacos de plástico limpos e auto-vedantes para posterior análise. As determinações de metais foram efectuadas por espetrometria de absorção atómica (AAS 6300, Shimadzu, Japão), análise de fluorescência de raios X (XRF) ou espetrometria de massa com plasma indutivamente acoplado (ICP-MS). Os resultados laboratoriais relativos a várias zonas de Bagdade são apresentados nos quadros (4.1 - 4.4). Os dados relativos aos anos anteriores foram obtidos junto do Ministério da Agricultura, que incluía informações sobre diferentes zonas de Bagdade e para diferentes anos (1998, 2002, 2009, 2010 e 2012) (ver Quadros 4.5 - 4.6).

Figura 4.1: Ilustração das áreas de estudo na cidade de Bagdade - Qanat Aljaeesh através do SIG

Figura 4.2: Ilustração das áreas de estudo na cidade de Bagdade - Zafaraniyah através do SIG

Figura 4.3: Ilustração da localização das diferentes áreas de estudo na cidade de Bagdade através do SIG

Tabela 4.1: Resultados laboratoriais para algumas zonas de Bagdade com uma profundidade de 0-20 cm

Zones	Zn	Pd	Ni	Cd
Kasra wa Atash	8.35	–	28.85	0.15
Naseb Alshaheed zone	52.5	15.65	14	0.7
Rashidiya zone	15	6.3	47.75	0.4
Mahmudiyah zone	130	95	38.8	3
Abu Ghraib zone	37.7	12	20.5	-
Zuwarah Park	20	10.4	43.5	0.8
Al-Obeidi zone	135	18.35	25.6	0.05
Shaab zone	30.5	17.5	67.5	0.3

Quadro 4.2: Resultados laboratoriais para ambos os lados de Qanat Al jaeesh em Bagdade

Samples	Depth	Cu	Zn	Pd	Ni	Cd
State 1	0 – 20 cm	10	24	18.8	62.5	0.2
	20 – 40 cm	4.25	9	11	12.5	0.1
State 2	0 – 20 cm	8.5	14.5	11.6	57.5	0.1
	20 – 40 cm	6	14	10	47.5	0.1
State 3	0 – 20 cm	10	16	4.8	27.3	0.1
	20 – 40 cm	9.2	16.1	3.45	25	0.1
State 4	0 – 20 cm	8.6	15	24.05	43.5	0.6
	20 – 40 cm	8.7	10	10	13.75	0.35
State 5	0 – 20 cm	0.2	0.8	2.25	36.5	0.25
	20 – 40 cm	5.5	11.2	8	36	0.45
Average	0 – 20 cm	7.46	14.06	12.3	45.46	0.25
	20 – 40 cm	6.73	12.06	8.49	26.95	0.22

Quadro 4.3: Resultados laboratoriais relativos à zona de Al-Jadriya em Bagdade

Samples	Depth	Cu	Zn	Pd	Ni	Cd
State 1	0 – 20 cm	12.5	85	12	55	0.2
	20 – 40 cm	12	32.5	10	37.5	0.2
State 2	0 – 20 cm	8	9.5	10	20.5	0.05
	20 – 40 cm	7	7	8	13	0.05
State 3	0 – 20 cm	8.5	11	11	26	0.05
	20 – 40 cm	10.5	14.5	10	13	0.05
State 4	0 – 20 cm	17.5	15.5	17.5	27	0.05
	20 – 40 cm	12.35	10	10	54	0.6
State 5	0 – 20 cm	9.35	10	13	54	0.75
	20 – 40 cm	12.6	12.5	11.5	55	0.8
Average	0 – 20 cm	11.17	26.2	12.7	36.5	0.22
	20 – 40 cm	10.89	15.3	9.9	34.5	0.34

Quadro 4.4: Resultados laboratoriais relativos à zona de Al- Zafaraniyah em Bagdade

Samples	Depth	Cu	Zn	Pd	Ni	Cd
State 1	0 – 20 cm	9.5	25	34.5	52	0.25
	20 – 40 cm	6	10	6.1	55	0.15
State 2	0 – 20 cm	11	18.8	9.7	66	0.7
	20 – 40 cm	12	25	8.8	80	0.2
State 3	0 – 20 cm	4.0	18	7.65	9.5	0.65
	20 – 40 cm	1.00	7	2.75	2.5	0.1
Average	0 – 20 cm	8.167	20.6	17.283	42.5	0.533
	20 – 40 cm	6.333	14	5.8833	45.833	0.15

Tabela 4.5: Média das concentrações de metais pesados no solo de Bagdade.

HM	١٩٩٨ Depth 10 cm	٢٠٠٢ Depth 10 cm	٢٠٠٩ Depth 15 cm	٢٠١٠ Depth 20 cm	٢٠١٢ Depth 10 cm
Pb	٥٠	١٠٥	67.52	١٥١	٤٣
Zn	١٠٠	١٢٥	77.9	١٣٠	-
Cd	٤	١٠	4.11	٥	١٩
Cu	٣٥	٢٥	-	٩٠	-
Ni	١٧٥	٦٠	-	١١١	١٧٢
Co	٤٨	٢٢	-	٢٨	٣٩

4.3. Simular redes sugeridas

Sugerimos um projeto adequado de duas FFNN para resolver a equação (3.9). A primeira FFNN é utilizada para encontrar os parâmetros adequados do solo que são necessários na equação (3.9). Enquanto a segunda FFNN é utilizada para estimar a concentração de metais pesados no solo.

A arquitetura da primeira rede é uma FFNN de três camadas com uma camada de entrada constituída por sete nós de entrada, uma camada oculta constituída por quinze nós ocultos com função de transferência tansig. e uma camada de saída constituída por três nós de saída com função de transferência purelin.

Os dados da Tabela 4.1 - 4.6 representam os dados de entrada que estão divididos em três conjuntos: conjunto de treino, conjunto de teste e conjunto de validação. Quando simulamos a FFNN sugerida, obtemos os parâmetros do solo da seguinte forma: $D_L = 0.5 \frac{m^2}{d}$ e $V_X = 5.14 \times 10^{-6}$ ms^{-1}=$44.4096 \times 10^{-2} \frac{m}{d}$, e $\rho = 1.3 \frac{g}{cm^3}$.

Quadro 4.6: Concentrações de HMs no solo de Bagdade em 2012 e a 20 cm de profundidade

No.	site	Co	Cd	Ni	Pb
1.	Shaab	41	19	١٤٤	٣٩
2.	Talbiya	37	15	١٦٩	٣٣
3.	Jamela	44	18	١٨١	٤١
4.	Adhmiya	36	11	١٨٣	٣٢
5.	Al-Salam	38	18	١٨٣	٣٨
6.	Ataifia	41	13	١٥٦	٣٤
7.	Haifa	58	41	١٨٠	١٨٣
8.	Zayuna	32	17	١٥٦	٣٦
9.	Baghdad jadeda	48	33	١٣٨	٥٨
10.	Mashtal	36	15	١٣٠	٣٦
11.	Zufaraniya	34	13	٢٠٨	٣٩
12.	Dora	33	17	١٠٥	٣٧
13.	Karada	35	16	١٨٦	٣٩
14.	Jaderiya	37	14	١٩٥	٤٩
15.	Abu Dsheer	51	32	١٦٩	٧٥
16.	Saidiya	38	18	١٦٩	٣٨
17.	Qadisiya	44	29	١٥٦	٥٩
18.	Mansor	38	14	١٨١	٣٦
19.	Qazaliya	39	14	١٢٩	٣٣
20.	Al jameaa	38	17	٢٠٨	٣١
21.	Khadhraa	33	15	١٥٧	٢٩
22.	Nafaq shurta	31	16	١٤٤	٣٧
23.	Amriya	33	17	١٥٦	٢٩
24.	Jehad	40	19	٢٠٨	٣٧
25.	Furat	31	17	١٣٠	٣٣

A Figura (4.4) ilustra os resultados de treino, teste e validação quando utilizámos o algoritmo LM modificado. A Figura (4.5) ilustra o desempenho; época e tempo da primeira FFNN. A Figura (4.6) ilustra os resultados de treino, teste e validação com regularização.

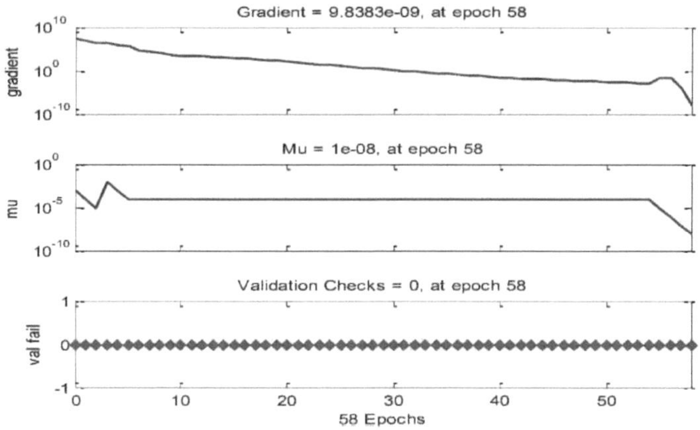

Figura 4.4: Treino, teste e validação da primeira FFNN através da modificação do LM

Epoch:	0	58 iterations	1000
Time:		0:01:45	
Performance:	8.76e+06	1.75e-23	0.00
Gradient:	2.01e+07	9.84e-09	1.00e-07
Mu:	0.00100	1.00e-08	1.00e+10
Validation Checks:	0	0	6

A Figura (4.5) ilustra o desempenho, a época e o tempo da primeira FFNN.

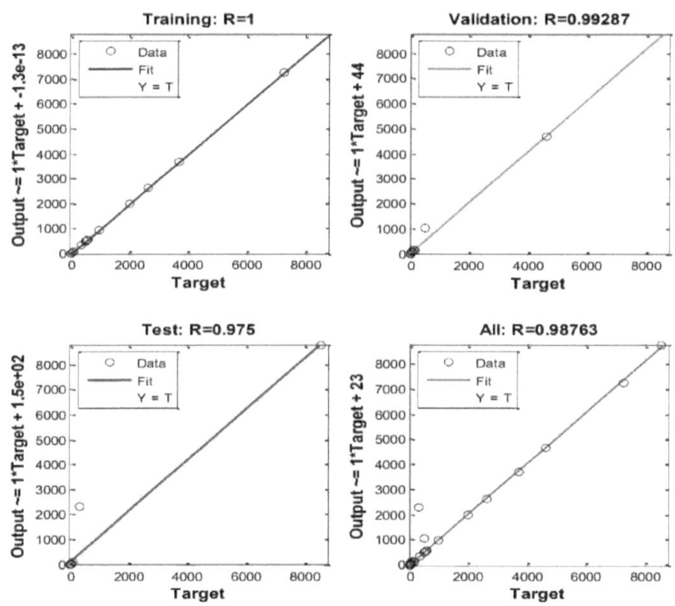

Figura 4.6: Treino, teste e validação da primeira FFNN com regularização.

Em seguida, utilizámos os parâmetros obtidos a partir da primeira FFNN na simulação da rede 2nd, quando a segunda rede é do tipo FFNN de três camadas e utilizámos os mesmos dados na primeira FFNN para treino, teste e validação. A Figura (4.7) ilustra a arquitetura da segunda FFNN. A Figura (4.8) ilustra, em geral, o desempenho da 2nd FFNN para treino, teste e validação quando utilizámos o algoritmo LM modificado. Agora, aplicamos o projeto sugerido para determinar a taxa de contaminação do solo por metais pesados, especialmente cádmio (Cd), níquel (Ni), cobre (Cu), cobalto (Co), zinco (Zn) e chumbo (Pb) em Bagdade.

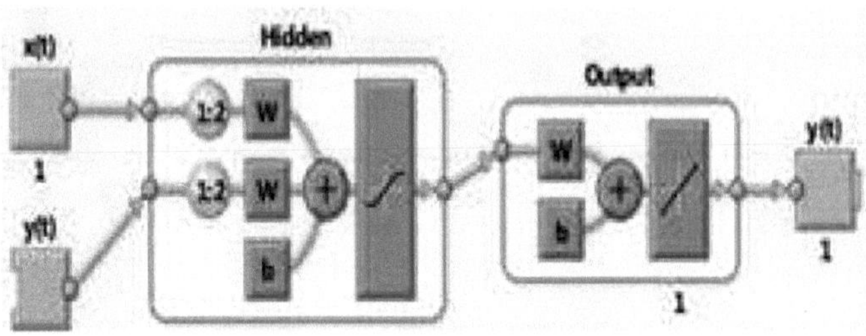

Figura 4.7: Arquitetura da segunda FFNN.

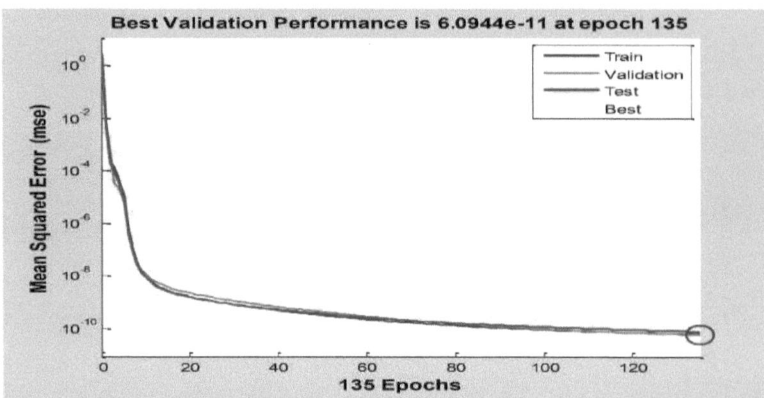

Figura 4.8: Desempenho da 2nd FFNN para treino, teste e validação

Começamos com o cádmio (Cd), simulamos a FFNN com os dados medidos. A comparação entre as concentrações previstas e os dados medidos resultou na função de desempenho. A Tabela (4.7) apresenta os valores-alvo para as amostras de treino, teste e validação e o parâmetro de regularização Y de Cd. A Tabela (4.8) apresenta a exatidão do treino em função da época e do tempo. A Figura (4.9) ilustra o desempenho do projeto sugerido para a concentração de Cd.

Quadro 4.7: Valores-alvo de Cd.

Type	Target values	MSE	Γ
Training	68	1.73716e -10	9.999999 e-1
Validation	14	2.61731c -10	9.999999 c-1
Testing	14	1.35569e -10	9.999999 e-1

Tabela 4.8; A exatidão do comboio em função da época e do tempo.

Train Function	Performance of train	Epoch	Time	μ
Modify Trainlm	1.74e-10	396	•:• •:•4	1.00e-07

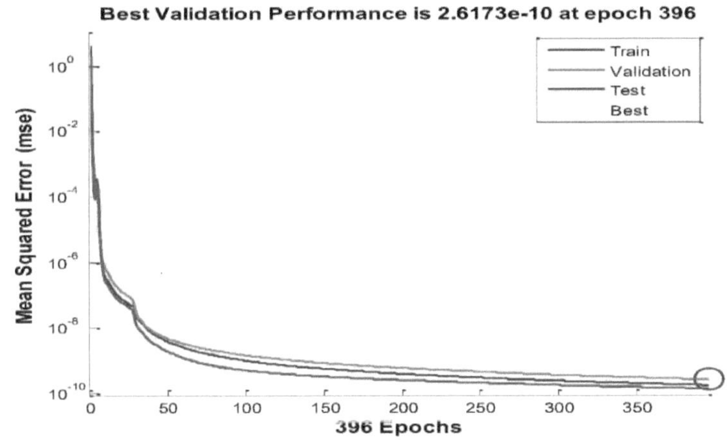

Figura 4.9: Desempenho da FFNN sugerida para a concentração de Cd

Agora, simulamos o FFNN sugerido para o Zinco (Zn) com os dados medidos. A comparação entre as concentrações previstas e os dados medidos resultou na função de desempenho. A Tabela (4.9) apresenta os valores-alvo para as amostras de treino, teste e validação e o parâmetro de regularização Y de Zn. A Tabela (4.10) apresenta a exatidão do treino em função da época e do tempo. A Figura (4.10) ilustra o desempenho do projeto sugerido para a concentração de Zn.

Quadro 4.9: Valores-alvo para a concentração de Zn.

Type	Target values	MSE	γ
Training	68	7. 34209e -11	9.9999999 e-1
Validation	14	1.02701e -9	9.9999999 e-1
Testing	14	1.67711e -10	9.9999999 e-1

Tabela 4.10: A exatidão do comboio em função da época e do tempo.

Train Function	Performance of train	Epoch	Time	μ
Modify Trainlm	7.34e-11	٥٤٠	٠:٠٠:٠٥	1.00e-08

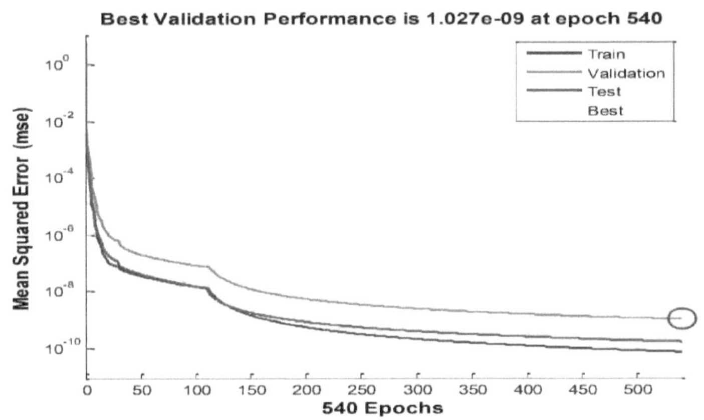

Figura 4.10: Desempenho da FFNN sugerida para a concentração de Zn

Agora, simulamos a FFNN sugerida para o cobre (Cu) com dados medidos. A comparação entre as concentrações previstas e os dados medidos resultou na função de desempenho. A Tabela (4.11) apresenta os valores-alvo para as amostras de treino, teste e validação e o parâmetro de regularização do Cu. A Tabela (4.12) apresenta a exatidão do treino em função da época e do tempo. A Figura (4.11) ilustra o desempenho do projeto sugerido para a concentração de Cu.

Quadro 4.11: Valores-alvo para a concentração de Cu.

Type	Target values	MSE	γ
Training	68	1.60748e -8	9.9999999 e-1
Validation	14	7.11480e -9	9.9999999 e-1
Testing	14	1.92286c -8	9.9999999 c-1

Tabela 4.12: A exatidão do comboio em função da época e do tempo.

Train Function	Performance of train	Epoch	Time	μ
Modify Trainlm	1.24e-٠8	٥١	٠:٠٠:٠٦	1.00e-08

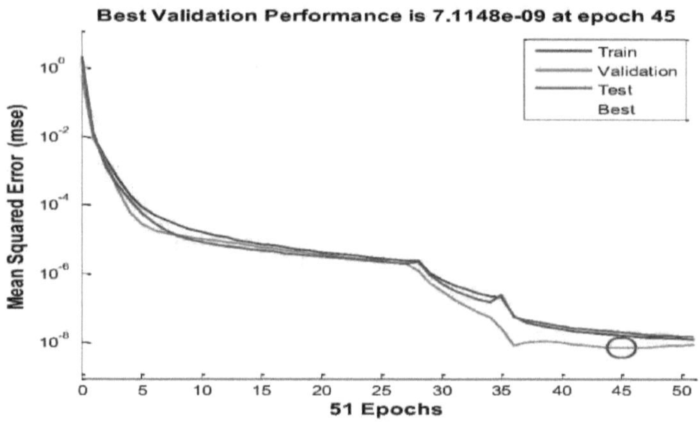

Figura 4.11: Desempenho da FFNN sugerida para a concentração de Cu

Agora, simulamos a FFNN sugerida para o níquel (Ni) com dados medidos. A comparação entre as concentrações previstas e os dados medidos resultou na função de desempenho. A Tabela (4.13) apresenta os valores-alvo para as amostras de treino, teste e validação e o parâmetro de regularização Y de Ni. A Tabela (4.14) apresenta a exatidão do treino em função da época e do tempo. A Figura (4.12) ilustra o desempenho do projeto sugerido para a concentração de Ni.

Quadro 4.13: Valores-alvo para a concentração de Ni.

Type	Target values	MSE	γ
Training	68	1.63755e -10	9.9999999 e-1
Validation	14	2.21215e -10	9.9999999 e-1
Testing	14	2.77821e -10	9.9999999 e-1

Tabela 4.14: A exatidão do comboio em função da época e do tempo.

Train Function	Performance of train	Epoch	Time	μ
Modify Trainlm	1.٦4e-10	٥٠٠	٠:٠٠:١٣	1.00e-07

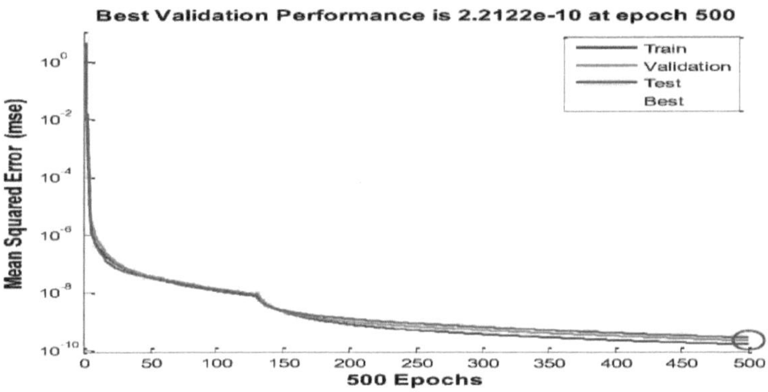

Figura 4.12: Desempenho da FFNN sugerida para a concentração de Ni.

Agora, simulamos a FFNN sugerida para o cobalto (Co) com dados medidos. A comparação entre as concentrações previstas e os dados medidos resultou na função de desempenho. A Tabela (4.15) apresenta os valores-alvo para as amostras de treino, de teste e de validação e o parâmetro de regularização Y de Co. A Tabela (4.16) apresenta a exatidão do treino em função da época e do tempo. A Figura (4.13) ilustra o desempenho do projeto sugerido para a concentração de Co.

Quadro 4.15: Valores-alvo para a concentração de Co.

Type	Target values	MSE	γ
Training	68	5.13955e -11	9.9999999 e-1
Validation	14	7.59719e -11	9.9999999 e-1
Testing	14	1.13493e -10	9.9999999 e-1

Tabela 4.16: A exatidão do comboio em função da época e do tempo.

Train Function	Performance of train	Epoch	Time	μ
Modify Trainlm	5.14e-11	852	٠:٠٠:٠٨	1.00e-08

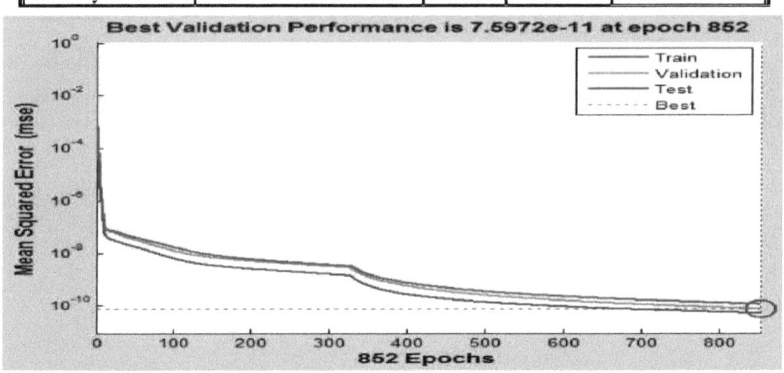

Figura 4.13: Desempenho da FFNN sugerida para a concentração de Co.

Finalmente, simulámos a FFNN sugerida para o chumbo (Pb) com dados medidos. A comparação entre as concentrações previstas e os dados medidos resultou na função de desempenho. A Tabela (4.17) apresenta os valores-alvo para as amostras de treino, teste e validação e o parâmetro de regularização Y de Pb. A Tabela (4.18) apresenta a exatidão do treino em função da época e do tempo. A Figura (4.14) ilustra o desempenho do projeto sugerido para a concentração de Pb.

Quadro 4.17: Valores-alvo para a concentração de Pb.

Type	Target values	MSE	γ
Training	68	5.12985e -11	9.9999999 e-1
Validation	14	7.55379e -12	9.9999999 e-1
Testing	14	1.13893e -10	9.9999999 e-1

Tabela 4.18: A exatidão do comboio por época e tempo

Train Function	Performance of train	Epoch	Time	μ
Modify Trainlm	5.14c-11	852	٠:٠٠:٠٨	1.00c-08

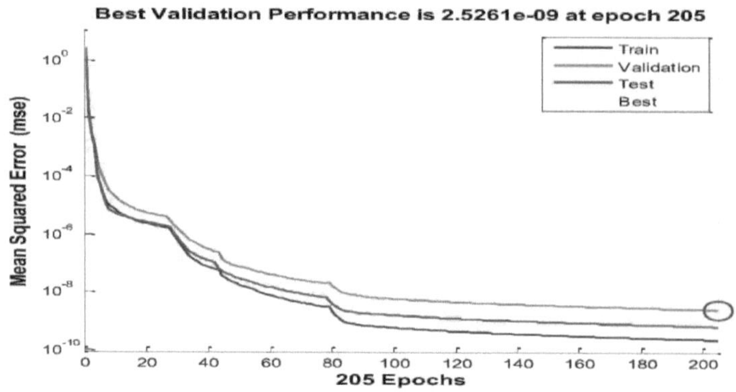

Figura 4.14: Desempenho da FFNN sugerida para a concentração de Pb

Agora, aplicámos a conceção sugerida na zona de Qanat Aljaeesh, em Bagdade, ou seja, recolhemos a amostra de dados desta zona, ver apenas a Figura (4.1) e os resultados laboratoriais apresentados na Tabela (4.2) da profundidade 0 - 40 cm para cinco estados, de acordo com o processo experimental descrito na secção 4.2, a concentração de metais pesados pode ser obtida para qualquer profundidade e tempo através da FFNN sugerida. Em seguida, comparando estes resultados com os obtidos por XRF, ilustrados na Figura (4.15) e na Tabela (4.19), obtêm-se os valores-alvo para as amostras de treino, de teste e de validação e Y. A Tabela (4.20) apresenta a exatidão do treino em função da época e do tempo.

A figura (4.16) ilustra as concentrações de metais pesados no solo da zona de Qanat Aljaeesh em Bagdade.

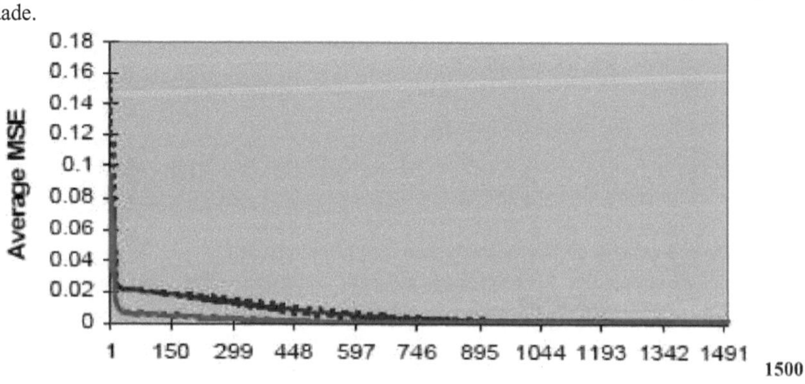

Figura 4.15: Comparação da concentração calculada por FFNN e por XRF

Quadro 4.19: Valores-alvo para a concentração de HM.

Type	Target values	MSE	γ
Training	68	2.31128e -11	9.9999999 e-1
Validation	16	2.52614e -12	9.9999999 e-1
Testing	16	6.69947e -12	9.9999999 e-1

Tabela 4. 20: A exatidão da formação por época e tempo

Train Function	Performance of train	Epoch	Time	μ
Modify Trainlm	2.31e-11	252	·:··:·6	1.00e-08

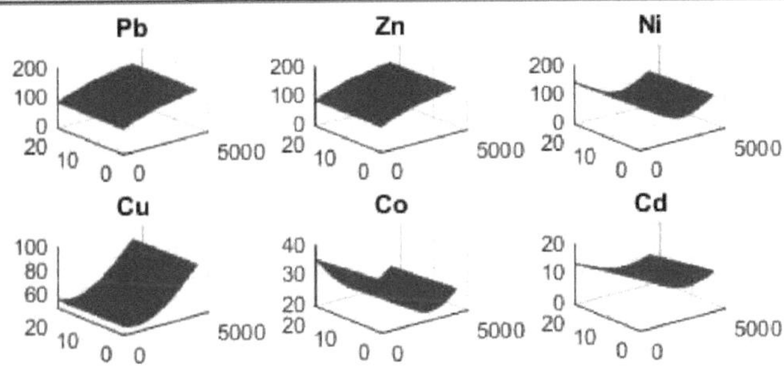

Figura 4.16: Concentrações de HMs no solo da zona de Qanat Aljaeesh

4.4. Discussão

Os resultados práticos mostram o seguinte:

- A média das concentrações de HMs no solo em diferentes épocas e zonas de Bagdade está a aumentar com o tempo, o que representa um grande risco de contaminação do ambiente.
- Para a comparação entre as concentrações de diferentes regiões: regiões residenciais, industriais, comerciais e agrícolas, vemos que:

solos agrícolas solos residenciais solos comerciais solos industriais, ou seja, as regiões agrícolas são as mais baixas, enquanto as regiões industriais são as mais altas para as concentrações de HMs.

- Comparando com a profundidade do solo, verificamos o efeito da profundidade na concentração de HMs, ou seja, quando a profundidade aumenta, as concentrações de HMs diminuem, isto é, a concentração de HMs na profundidade 0 - 20 cm é maior do que a concentração na profundidade 20 - 40 cm para o mesmo solo.
- Existem diferentes causas para o aumento das concentrações de HMs no solo, tais como: os grandes engarrafamentos de trânsito resultantes do grande número de automóveis que, ultimamente, utilizam gasolina que contém uma grande quantidade de etileno de chumbo, que causa grandes problemas ao ambiente, o que cria perigos para os seres humanos. Para além disso, o aumento da quantidade de lixo e de como eliminar os resíduos industriais nos esgotos e a diminuição da área verde contribuem para diminuir os danos dos HMs no ambiente. O aumento da população nos últimos anos leva à conversão das zonas de vegetação em zonas residenciais e o desenvolvimento tecnológico provoca a contaminação devido à proliferação de fábricas e oficinas espalhadas por todo o lado. A tudo isto juntam-se as guerras e a sua grande contaminação, que são consideradas os contaminantes mais perigosos do solo e do ambiente. Todos estes tipos de contaminação causam uma elevada taxa de concentração de HMs que excede a quantidade normal no solo, o aumento destes metais tem diferentes tipos de perigo para a saúde humana. As

plantas absorvem estes materiais perigosos que, por sua vez, passam para o ser humano através do consumo de alimentos que este adquire ao comer estas plantas que contêm os metais perigosos.

4.5. Sugestão de tratamento do solo

Existem várias técnicas para tratar o solo da contaminação por HMs, nomeadamente: volatilização, biodegradação, lixiviação, isolamento/contenção e fitoremediação.

Sugerimos o tratamento por fitorremediação porque este método é o melhor para tratar o solo em vez de demorar muito tempo a tratar, é fácil de implementar e não é dispendioso.

A fitorremediação é um dos processos importantes para o tratamento do solo contaminado, utilizando algumas plantas que têm a capacidade de absorção elevada para acumular a concentração de metais nessas plantas para o tratamento do solo contaminado. As plantas podem translocar os metais para a superfície, acumulando estes metais nas raízes e depois para outras partes da planta. Depois de as plantas terem crescido durante algum tempo, são colhidas e incineradas ou compostadas para reciclar os metais. Podem ser necessários vários ciclos de crescimento das culturas para diminuir os níveis de contaminantes para limites admissíveis. Se as plantas forem incineradas, as cinzas devem ser eliminadas num aterro de resíduos perigosos, mas a quantidade de cinzas é muito menor do que a quantidade de solo contaminado se for escavado e removido para limpeza [13,24].

O fenómeno de acumulação de HMs na acumulação de plantas tem recebido uma atenção significativa dos investigadores devido às suas importantes aplicações em processadores de vegetais A fitorremediação pode explorar estas plantas e ser usada para extrair contaminantes (HMs) do solo, se for o uso de plantas valiosas absorção destes metais a partir da solução do solo e a transição para a vegetação total e também transferir a tecnologia para os materiais voláteis Fitovolatilização onde explorar esta tecnologia na capacidade de algumas plantas na introdução de alguns HMs em compostos de volatilidade recarregáveis para eliminação. Estudos indicam que existem muitas plantas que podem capturar e acumular HMs de regiões contaminadas. A planta ideal para este processo deve apresentar certas vantagens, tais como crescimento rápido, raízes densas e profundas, grande e fácil colheita e corte e acumulação de uma vasta gama de metais e massa viva, também estão disponíveis níveis elevados insustentáveis desses metais (ver Figura (4.17)) [4].

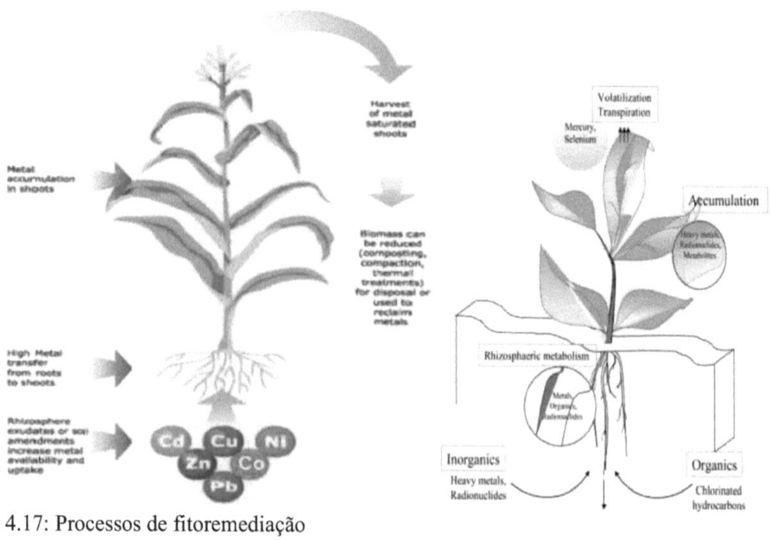

Figura 4.17: Processos de fitoremediação

Existem muitas plantas com grande capacidade de absorver as substâncias perigosas libertadas pelas plantas de etiqueta hiperacumuladas. Apresentamos agora algumas dessas plantas:

- Brassica Oleracea L.

Onde composto de alta importância económica, como repolho, couve-flor, brócolis e variedades verdes. É usado para tratar contaminantes inorgânicos no solo, tais como: Cu, Pb, Ni e Zn, ver Figura (4.18).

Figura 4.18: Brassica Oleracea L.

- Brassica Nigra

As plantas herbáceas crescem até uma altura de 60-80 cm. Folhas lobadas de sabor acentuado. Perna muitas ramificações Lista verde-azulada. Flores agrupadas em cachos de uma cor amarela brilhante. Fruto com bico longo e branco. Sementes pretas ou de estrutura de pequena escala e usadas para tratar contaminantes inorgânicos no solo, tais como: Cr e Cd, ver Figura (4.19).

Figura 4.19: Brassica Nigra

- Girassol (Helianthus annulus L)

O girassol apresenta flores grandes e radiais, que giram com o sol onde quer que aconteça; por isso é chamado assim, e cultivado com acessórios de sofá, e comido as sementes desta planta têm a capacidade de absorver HMs e materiais radioactivos, e a sua concentração nas folhas, por isso é usado no tratamento do solo de HMs tais: Cu, Ni, Pb e Zn, Figura (4.20).

Figura 4.20: Girassol (Helianthus annulus L)

- Sorgo Bicolor

Pode absorver alguns HMs, tais como : Cu, Ni, Pb e Zn, ver Figura (4.21).

Figura 4.21: Sorgo Bicolor

- Zea Mays L.

Pode absorver alguns HMs, tais como : Pb , Co e outros contaminantes, ver Figura (4.22).

Figura 4.22: Zea Mays L.

- Tritium Aestivum L.

As caraterísticas destas plantas são filas de verde brilhante, parecidas com erva, e a altura das plantas varia entre 0,6 e 1,5 m. Quando maduras, adquirem uma cor castanha que se torna amarelada. É utilizada para tratar o solo de Pb, Co e outros contaminantes, Figura (4.23).

Figura 4.23: Tritium Aestivum L.

CAPÍTULO 5

Conclusões e trabalhos futuros

5.1. Conclusões

Este trabalho demonstra o desenvolvimento de um modelo de equação que descreve a propagação da contaminação através dos solos e que pode ser utilizado para determinar a taxa de contaminação ambiental através da estimativa da concentração de metais pesados no solo. De seguida, resolve-se este problema através de FFNN's. Os resultados apresentam muitas das caraterísticas, tais como:

1- O problema de aprendizagem na FFNN de várias camadas foi apresentado do ponto de vista da análise funcional. A abordagem de resolução consiste em três passos: O primeiro passo consiste em escolher um espaço de funções parametrizado adequado no qual a solução do problema deve ser aproximada e, em seguida, abrangida por uma FFNN de várias camadas. Na segunda etapa, o problema de contaminação é formulado através da seleção de uma função de desempenho adequada. A terceira etapa consiste em resolver o problema através da conceção de uma FFNN adequada com um algoritmo de treino que depende de um problema de otimização capaz de encontrar um conjunto ótimo de parâmetros.

2- O algoritmo de treino LM descrito foi desenvolvido para reduzir os requisitos de memória e a sobrecarga computacional do algoritmo de treino.

3-O algoritmo de formação e o número de iterações (época) determinam o grau de minimização do erro no conjunto de formação.

4-O número de amostras de treino determina a qualidade com que as amostras de treino representam a função real.

5- O modelo desenvolvido pode ser considerado como uma boa representação da estimativa das concentrações de metais pesados no solo.

6- A concentração de metais pesados pode ser calculada por FFNN. As sessenta e quatro amostras de solo das diferentes secções da cidade de Bagdade foram estimadas por esta técnica. Os erros de previsão desta técnica são inferiores a 1% em comparação com os da AAS ou XRF. Esta técnica é rápida, cómoda, sensível e pode eliminar a interferência entre várias espécies. A determinação da amostra por AAS é concluída em sete dias, enquanto a determinação da amostra pela técnica proposta é concluída num dia.

5.2. Trabalhos futuros

Sugerem-se de seguida estudos para investigações futuras:

1- Desenvolver um modelo de equação que descreva outros tipos de problemas de contaminação do ambiente, tais como a contaminação do ar, a contaminação da água e a contaminação dos alimentos.
2- Utilizar ou conceber outros tipos de RNA ou utilizar outras arquitecturas para as RNA.
3- O impacto das águas residuais e de irrigação contaminadas com HMs na contaminação do solo e a transferência destes metais para as águas subterrâneas podem ser estudados da mesma forma.

Referências

[1]Abdul Samath, J., Kumar, P.S. e Begum, A., (2010), "Solution of Linear Electrical Circuit Problem using Neural Networks, International Journal of Computer Applications, 2 (1), pp: 6-13.

[2]Abu-Saleman, M.S., Hassnin, S.A. e Saeed Kandel, N.F., 2007, Integrando os conceitos de cultura, população e segurança ambiental e alimentar nos programas e actividades dos serviços de extensão

agrícola, ambiente e projeto de desenvolvimento agrícola sustentável, Ministério da Agricultura e Recuperação de Terras do território egípcio, Centro de Investigação Agrícola da Administração Central para a Extensão Agrícola, NO.1080.

[3]Alloway, B. J., (1998), "The mobilization of trace elements in soil", in prost, R.(ed.), contaminated soils, Les colloques, No.85, INRA, Paris, p. 133-145.

[4]Al-Whaibi, M. H., (2007), "Accumulation phenomenon of heavy metals in plants", Saudi Journal. Biol. Sc., Vol. 14, No. 2.

[5]Amacher, M.C., Kotuby-Amacher J., Selim H.M. and Iskandar I.K., (1986), Retention and release of metals by soils--evaluation of several models. Geoderma, 38: 131-154.

[6]Anagu, I., Ingwersen, J., Utermann, J.e Streck, T., (2009), "Estimation of heavy metal sorption in German soils using artificial neural networks. Geoderma 152, 104-112.

[7]Ayeni, O. O., Ndakidemi, P. A., Snyman, R. G. e Odendaal, J. P., (2010), Indicadores químicos, biológicos e fisiológicos da poluição por metais em zonas húmidas. Investigação Científica e Ensaios, 5 (15), pp.1938-1949.

[8]Behrens, T., Förster, H., Scholten, T., Steinrüken, U., Spies, E. e Goldschmitt, M., (2005), "Digital soil mapping using artificial neural networks", Journal of plant nutrition and soil science, Vol. 168, pp. 21-33: 21-33.

[9] Bokil, V. A., "Introduction to Mathematical Modeling", primavera (2009).

[10] Buszewski, B. e Kowalkowski, T., (2006), "A new model of heavy metal transport in the soil using non-linear artificial neural networks", Journal of environmental engineering science 23 (4), 589-595.

[11] Chahar, V., (2013), "Analysis of Back Propagation Algorithm", Conferência Internacional sobre Sistemas de Serviços e Gestão de Serviços (ICSSSM), 2 (8),ISBN:978-1-4673-4434-0

[12] Demuth, H. e Beale , M., (1998), "Neural Network Toolbox For Use with MATLAB", Versão 3, The Math Works. Inc.

[13] Donahue, S. and Auburn, September(2000), SOIL QUALITY - Heavy Metal Soil Contamination, (USDA) United State Department of Agriculture, Urban Technical Note No. 3, AL 36832 ,334-844-4741 X-177.

[14] Dorofki, M., Elshafie, A. H., Jaafar, O., Karim, O. A. e Mastura, Sh., (2012), "Comparison of Artificial Neural Network Transfer Functions Abilities to Simulate Extreme Runoff Data", International Conference on Environment, Energy and Biotechnology, IACSIT Press, IPCBEE, Singapore, 33, pp: 39- 44.

[15] El Badaoui, H., Abdallaoui, A., Manssouri, I. e Lancelot, L., (2013), "Application of Artificial Neural Networks of MLP type for the prediction of the levels of Heavy Metals in Moroccan Aquatic Sediments", 3 (6), pp:75-81.

[16] Eqhaar, Q. H., (2007), "Comparison Between Artificial Neural Networks with Radial Basis Function and Ridge Basis Function for Interpolation Problems", MSc. Tese, Universidade de Bagdade, Faculdade de Educação - Ibn Al-Haitham.

[17] Galushkin, I. A., (2007), "Neural Networks Theory", Berlin Heidelberg.

[18] Gandhimathi, A. e Meenambal, T., (2012), "Analysis of Heavy Metal for Soil in Coimbatore by using ANN Model", European Journal of Scientific Research 68, (4), 462-474.

[19] Griva, I., Nash, S. G. e Sofer, A., (2009), "Linear and Nonlinear Optimization", 2ª edição, EUA ,ISBN 978-0-898716-61-0.

[20] Hadithi, F. H.A. e Abdul-Jabbar, B. "Environment Pollution", (2013), Universidade de Bagdade.

[21] Hambli, R., Chamekh, A. e Bel Hadj Salah, H., (2006), "Real-time deformation of structure

using finite element and neural networks in virtual reality applications", Finite Elements in Analysis and Design 42, (11), 985-991.

[22] Hristev, R. M., (1998), "The ANN Book", Edição 1, GNU Public License, ver. 2.

[23] Jabber, A. K., (2009), "On Training Feed Forward Neural Networks for Approximation Problem", MSc. Tese, Universidade de Bagdade, Faculdade de Educação - Ibn Al-Haitham.

[24] Jankaite, A., (2009), "Soil remediation from heavy metals using mathematical modelling" , Journal of Environmental Engineering and Landscape Management, 17(2): 121-129.

[25] Kardam, A., Raj, K. R., Arora, J. K., Srivastava, M. M. e Srivastava, S., (2010), "Artificial Neural Network Modeling for Sorption of Cadmium from Aqueous system by Shelled Moringa Oleifera Seed (SMOS)powder as an Agricultural waste", Journal of Water Resource and Protection, 2 (4), 339-344.

[26] Karlik, B. e Olgac, A. V., (2011), " Performance Analysis of Various Activation Functions in Generalized MLP Architectures of Neural Networks", International Journal of Artificial Intelligence And Expert Systems (IJAE), 1 (4), pp: 111-122.

[27] Krenker, A., Bešter, J. e Kos, A., (2011), "eBook de : Introdução às Redes Neuronais Artificiais, Redes Neuronais Artificiais - Avanços Metodológicos e Aplicações Biomédicas", Prof. Kenji Suzuki (Ed.), ISBN: 978953-307-243- 2, InTech.

[28] Krishnaa, D. e Sree, R. P., (2014), "Abordagem de rede neural artificial (RNA) para modelar a adsorção de cromo (VI) de uma solução aquosa usando um pó de coco Borasus Flabellifer", International Journal of Applied Science and Engineering, 12 (3), 177-192.

[29] Kukkola, E., Raution, P. and Huttunen, S., (2000), Stress indications in Copper and Nickel exposed Scots pine seedlings, Environ. Exp. Bot., Vol. 43, pp: 197210.

[30] Madhloom, H. M., (2015), "Modelação da remoção de cobre de águas residuais simuladas por adsorção em biomassa fúngica utilizando uma rede neural artificial", Global Journal on Advances in Pure & Applied Sciences, 05, pp: 35-44.

[31] Mahmood, S. H. e Jalil, T. S. ,(2012), "Extended Kalman Filter of Training Feed Forward Artificial Neural Network", journal of kirkuk University For Administrative and Economic Sciences, 2 (1), 22222995, Pages: 183-201.

[32] Minasny, B., Hopmans, J.W., Harter, T., Eching, S.O., Tuli, A. e Denton, M.A., (2004), "Neural networks prediction of soil hydraulic functions for alluvial soils using multistep outflow data", Soil Science Society of America Journal 68, 417-429.

[33] Nouri, J., (1980), "Heavy metals in sewage sludge, soils amended with sludge and their uptake by crop plants", Tese de Doutoramento, Universidade de Londres,.

[34] Pandharipande, S. L., Deshmukh, A. R. e Kalnake, R., Mar(2013), "Artificial Neural Network Modeling for Estimation of concentration of Ni(II) and Cr(VI) present in Aqueous Solution", International Journal of Advances in Engineering & Technology, 5 (2), pp: 122-131, 2231-1963.

[35] Pradeep, T., Srinivasu, P., Avadhani, P. S. e Murthy, Y. V. S., (2011), "Comparison of variable learning rate and Levenberg-Marquardt back- propagation training algorithms for detecting attacks in Intrusion Detection Systems", International Journal on Computer Science and Engineering (IJCSE), Vol. 3, No. 11.

[36] Quarteroni, A., (2009), "Mathematical Models in Science and Engineering", Notices of the AMS, 56(1),.

[37] Sarmadian, F. e Taghizadeh Mehrjardi, R., (2008)," Modeling of Some Soil Properties Using Artificial Neural Network and Multivariate Regression in Gorgan Province, North of Iran", Global Journal of Environmental Research 2 (1), 30-35.

[38] Schug, B., Düring, R.A. e Gäth, S., (2000), "Improved cadmium sorption isotherms by the

determination of initial contents using the radioisotope 109 Cd", Journal of plant nutrition and soil science, Vol. 163, 197-202.

[39] Sekhar, P. C., Sanker Ram, B. V. e Sarma, K. S., (2010), "Fast Computing Neural Network Modeling for Fault Diagnosis in Power Systems", ARPN Journal of Engineering and Applied Sciences, 5 (9), 1819-6608.

[40] Selim, H. M., Amacher, M. C., e Iskandar, L. K., (1990), Modeling the Transport of Heavy Metals in Soils, Monograph 90-2, U.S. army corps of engineering.

[41] Shimi, H. M., (2001), "Management and maintenance of land and water in the desert crops", Dare Lfiker El-Arabi, Frist Edition, I.S.B.N.977-10-1470-6.

[42] Tawfiq, L . N. M. e Eqhaar, Q. H., (2009), "On Multilayer Neural Networks And Its Application For Approximation Problem, 3rd scientific conference of the College of Science ", University of Baghdad. 24 a 26 de março.

[43] Tawfiq, L. N. M., (2007), "On Training of Feed Forward Neural Networks", Journal of Um-Salama for Scince, Vol. 4, No.1.

[44] Tawfiq, L. N. M., (2013), "Improving Gradient Descent method For Training Feed Forward Neural Networks", International Journal of Modern Computer Science & Engineering, Vol. 2, No. 1, pp: 1-25.

[45] Wang, X. G., Tang, Z., Tamura, H., Ishii, M., e Sun, W. D., (2004), "An improved back propagation algorithm to avoid the local minima problem", Neurocomputing, Vol. 56, pp: 455-460.

[46] Wuana, R. A. e Okieimen, F. E., (2011), Heavy metals in contaminated soils: A review of sources, chemistry, risks and best available strategies for remediation, ISRN Ecology, l. 2011, Article ID 402647, 20 pages.

[47] Yetilmezsoy, K. e Demirel, S., (2008), "Artificial Neural Network approach for modeling of Pb adsorption from aqueous solution by Antep pistachio (pistacia vera L.) shells", Journal of Hazardous Materials, 153 (3), 1288-1300.

[48] Yin Li, Chao-kui Li ,Jian-junTao e Li-dong Wang, (2011), "Study on Spatial Distribution of Soil Heavy metals in Huizhou city Based on BP- Artificial Neural Network Modeling and GIS", Procedia Environmental Sciences Journal, doi:10.1016/j.proenv.2011.09.306, 1953 - 1960.

[49] Zongshu, Wu, Jiaoyan, Ai, Chaobing Deng, Yajuan Cai e Zongming Wei, (2015), " Method for Optimal Arrangement of Soil Sampling Based on Neural Networks and Genetic Algorithms", International Conference on Automation, Mechanical Control and Computational Engineering (AMCCE), 124, 1951-6851.

[50] Tawfiq, L. N. M. e Ghazi, F. F., (2015), "Usando a técnica de rede neural artificial para a estimativa da concentração de Cd em solos contaminados", International Journal of Innovations in Scientific Engineering, Volume 1, No. 1, pp: 58-68.

[51] Tawfiq, L. N. M. e Ghazi, F. F., (2015)," Heavy metals pollution in soil and its influence in Iraq", Merit Research Journal of Agricultural Science and Soil Sciences, Volume 3, No. 5, pp: 82 - 87.

[52] Tawfiq, L. N. M. e Ghazi, F. F., (2015), "Contaminated Soils by Heavy Metals in South of Iraq", International Journal of Environment and Bioenergy, Volume 10, No. 3, pp: 41-47.

[53] Tawfiq, L. N. M., Kareem A. Jasim and Abdul hmeed, E. O., (2015), Pollution of Soils by Heavy Metals in East Baghdad in Iraq, International Journal of Innovative Science, Engineering & Technology, Vol. 2, Issue 6, pp: 181- 187.

[54] Tawfiq, L. N. M., Kareem A. Jasim e Abdul hmeed, E. O., (2015), Modelo Matemático para Estimar a Concentração de Metais Pesados no Solo para Qualquer Profundidade e Tempo e sua

Aplicação no Iraque, Revista Internacional de Pesquisa Científica e Técnica Avançada, Vol. 4, Edição 5, pp:718 - 726.

[55] Tawfiq, L. N. M., Kareem A. Jasim e Abdul hmeed, E. O., (2016), "Modelo Numérico para Estimar a Concentração de Metais Pesados no Solo e sua Aplicação no Iraque", Global Journal Of Engineering Science And Researches, Vol. 3, Issue 3, pp: 75 - 81.

MIX
Papier aus verantwortungsvollen Quellen
Paper from responsible sources
FSC® C105338

Printed by Books on Demand GmbH, Norderstedt / Germany